Albrecht Beutelspacher
Einmal sechs Richtige

PIPER

Zu diesem Buch

Mathematik mit dem besten Mathe-Erklärer Deutschlands! Albrecht Beutelspacher, vielfach ausgezeichneter Mathematiker, Bestsellerautor und Museumsgründer, zeigt, wie viel Mathematik in unserer Alltagswelt steckt, und tritt den Beweis an, dass »Mathe glücklich macht«. Bei Beutelspacher bekommt man endlich verständlich erklärt, was man aus mathematischen Gründen beim Lotto keinesfalls tippen darf und warum das so ist. Weil er nicht mitreden darf, als seine Tochter eine Halskette kaufen will, erfahren wir, was eine Kettenlinie ist und dass die Herren Leibniz, Bernoulli und Huygens im Jahr 1690 in einer Art Wettbewerb deren Formel herausfanden. Bei »Bild-der-Wissenschaft«-Lesern ist Albrecht Beutelspacher ein seit Jahren beliebter Kolumnist. Hier sind seine »!Beutelspacher«-Kolumnen in einem Buch versammelt. Noch nie hat Mathematik so viel Spaß gemacht!

Albrecht Beutelspacher, geboren 1950 in Tübingen, studierte Mathematik, Physik und Philosophie. Er war Professor an der Universität Mainz, drei Jahre bei Siemens, dort beteiligt an der Entwicklung der Telefonkarte. Seit 1988 lehrt er Mathematik an der Universität Gießen. Er entwickelte eine neue Prüfziffermethode für Banknoten und ist Initiator und Leiter des 2002 gegründeten Mathematikums (www.mathematikum.de), des ersten Mathe-Mitmach-Museums in Gießen. Zahlreiche Lehr- und Sachbücher, darunter »Mathematik für die Westentasche«. Weiteres zum Autor: www.uni-giessen.de

Albrecht Beutelspacher

Einmal sechs Richtige

und andere Mathe-Wunder

Mit 66 Abbildungen

Piper München Zürich

Mehr über unsere Autoren und Bücher:
www.piper.de

Die 66 Kapitel dieses Buches sind zwischen Oktober 2000 und Oktober 2006 als »!Beutelspacher«-Kolumnen in der Zeitschrift *bild der wissenschaft* erschienen. Der Autor hat die Texte für die Buchausgabe durchgesehen.

FSC
Mix
Produktgruppe aus vorbildlich bewirtschafteten Wäldern und anderen kontrollierten Herkünften
www.fsc.org Zert.-Nr. GFA-COC-001223
© 1996 Forest Stewardship Council

Ungekürzte Taschenbuchausgabe
1. Auflage Dezember 2008
2. Auflage Mai 2009

Umschlag: Büro Hamburg. Anja Grimm, Stefanie Levers
Bildredaktion: Büro Hamburg. Alke Bücking, Charlotte Wippermann
Umschlagfoto: Mathematikum Rolf K. Wegst
Satz: Kösel, Krugzell
Papier: Munken Print von Arctic Paper Munkedals AB, Schweden
Druck und Bindung: CPI – Clausen & Bosse, Leck
Printed in Germany ISBN 978-3-492-25292-8

Inhalt

Vorwort

Ich erinnere mich gut: Im Frühsommer 2000 war ich zu einem Gespräch bei Wolfgang Hess, dem Chefredakteur der Zeitschrift *bild der wissenschaft*, eingeladen. Für mich war das die Erfüllung eines Jugendtraums, denn als Heranwachsender hatte ich diese Zeitschrift verschlungen und davon geträumt – ich träumte damals viel –, irgendwann einmal für *bild der wissenschaft* zu schreiben.

Das Gespräch diente vor allem dem gegenseitigen Kennenlernen, daher plätscherte es nach einiger Zeit vor sich hin. Bis Wolfgang Hess die Stirn in Falten legte, Luft holte und dann energisch und für mich völlig unvorbereitet sagte: »Die Mathe-Kolumnen in Zeitschriften wie unserer enthalten fast nur Knobeleien. Das mag ich überhaupt nicht – aber wenn Sie unbedingt eine Kolumne mit solchen Aufgaben schreiben wollen: von mir aus!«

Das war einer der Momente meines Lebens, in dem klar war: Ergreif diese Chance! Und: Sag das Richtige! Ein falsches Wort, und du bist raus.

Um Zeit zu gewinnen, dankte ich Herrn Hess für das Angebot und sein Vertrauen. In der Zwischenzeit hatte ich überlegt, ob ich auf sein Angebot, Knobelaufgaben zu präsentieren, eingehen sollte (Hauptsache, du bekommst eine Kolumne!). Aber dann fasste ich einen Entschluss und sagte: »Lieber Herr Hess, wenn wir etwas Neues probieren, dann lassen Sie uns doch etwas machen, von dem wir wirklich überzeugt sind. Wenn schon, denn schon!« Er sagte gar nichts, sondern ließ mich weiterreden. Ich führte aus, dass ich mir eine sehr persönliche Kolumne vorstellen könnte, in der die Mathematik eine Rolle spielt, die uns im Alltag begegnet. Also keine Texte, in denen etwas »objektiv« dargestellt wird, sondern Erzählungen über meine – wirklichen oder fiktiven – Erlebnisse. Als Vorbilder nannte ich Wolfram Siebeck und Axel Hacke.

Da glättete sich die Stirn von Herrn Hess wieder, und im Verlauf der nächsten Minuten legten wir das Konzept für die Kolumne fest: Genau eine Seite, keine Zeile mehr. Jeweils ein Foto, welches das Thema illustriert. Keine Formeln.

Und dann ging's los. Zu Beginn hatte ich viele Themen auf Lager, aber bald merkte ich, dass die Regelmäßigkeit der Kolumne auch eine Last ist. Ich war der Meinung gewesen, ein Monat sei lang, aber ich musste lernen: Der nächste Monat kommt schneller, als man denkt. Und wenn in einem Monat einmal keine Kolumne erschien, erhielt ich empörte und enttäuschte Briefe.

In diesem Buch erscheinen die Kolumnen gesammelt, und zwar chronologisch geordnet. Sie werden merken, dass sich in den nunmehr sechs Jahren mein Stil weiterentwickelt hat: Zu Beginn suchte ich sachliche Anknüpfungspunkte aus der Alltagswelt, während ich jetzt zunehmend Geschichten schreibe, in denen ich bevorzugt meine Familie und Freunde auftreten lasse.

Ich danke ganz herzlich den Mitarbeitern von *bild der wissenschaft* für die stetige Ermunterung, für die Geduld, die sie mit mir hatten und haben, und – natürlich – für die sorgfältige redaktionelle Betreuung. Besonders danke ich Herrn Hess für die Chance, die er mir geboten hat. Herr Zick hat die meisten Kolumnen betreut und sehr loyal – aber auch sehr akribisch – an jeder einzelnen gearbeitet.

Last, but not least danke ich allen Menschen, die in den Artikeln – meist ungefragt – auftreten: meiner Frau, meinen beiden Kindern Christoph und Maria, meinen Eltern und meinen Freunden. Zu Ihrer Beruhigung: Die meisten Szenen haben sich nicht ganz genau so zugetragen wie beschrieben – aber sie hätten so verlaufen können.

Gießen, im Januar 2007 *Albrecht Beutelspacher*

Die Zahlen des Signor Fibonacci

1

Die Mathematik der Botanik:
Die Samen der Sonnenblume sind nicht zufällig verteilt, sondern halten sich an präzise Regeln.

Sie sind die schönsten Herbstblumen. Ein leuchtend gelbes Schmuckstück der Natur, das uns vor der dunklen Jahreszeit noch einmal unübersehbar an den Sommer erinnert.

Aus den Samen des Helianthus wird das Sonnenblumenöl gewonnen. Deswegen überziehen die gelben Sterne im Herbst weite Felder.

Auch die Mathematiker interessieren sich für die Samen der Sonnenblumen. Aber nicht wegen ihres Fettgehalts, sondern wegen ihrer Anordnung. Denn die Samen sind keineswegs zufällig verteilt, sondern nach präzisen Regeln angeordnet. Sie bilden ein Muster, und Mathematiker lieben Muster. Durch Muster erkennen sie Strukturen.

Wenn man das Innere einer Sonnenblume aufmerksam anschaut, sieht man, dass die Samen in Spiralen angeordnet sind, die vom Mittelpunkt nach außen laufen: Spiralen, die nach rechts gebogen sind, und Spiralen, die nach links gebogen sind. Die einen sind etwas stärker gebogen als die andern.

Und wenn man die nach rechts gebogenen und die nach links gebogenen Spiralen zählt, erhält man jeweils eine Zahl. Nicht irgendwelche Zahlen, sondern Fibonacci-Zahlen, die die berühmteste Zahlenfolge der Welt bilden. Sie beginnt mit 1, 2, 3, 5, 8, 13, 21, 34, 55. Wie geht's weiter? Ganz einfach: Die Summe der letzten beiden Zahlen ergibt die nächste Zahl. Die nächste Fibonacci-Zahl ist 89, denn es gilt: $34 + 55 = 89$.

Diese Zahlen sind nach einem der größten Mathematiker des Abendlandes benannt, Leonardo von Pisa, der auch Fibonacci – Sohn des Bonacci – hieß. Übrigens: Fibonacci wird »Fibonatschi« ausgesprochen, so wie »Hatschi«. In seinem schon 1202 veröffentlichten Buch *Liber abbaci* (Das Buch des Abakus) hat er die Überlegenheit des indisch-arabischen Dezimalsystems gegenüber dem damals gebräuchlichen römischen Zahlensystem nachgewiesen. Berühmt wurde Fibonacci durch eine Aufgabe in diesem Buch, die zu den Fibonacci-Zahlen führte. Für die Einführung dieser Zahlen nahm er die Vermehrung von Kaninchen zum Anlass. Er fragte sich, wie viele Nachkommenpaare ein Kaninchenpaar in einer bestimmten Generation hat – wenn sich die Kaninchen bei der Vermehrung strikt an gewisse Regeln halten. Natürlich vermehren sich reale Kaninchen so unkontrolliert, dass unter den Nachkommen eines Kaninchenpaars alle Zahlen vorkommen, selbstverständlich auch Fibonacci-Zahlen.

Bei den Sonnenblumen kommen dagegen nur Fibonacci-Zahlen vor – und das ist das Besondere: Die Zahlen der rechts- beziehungsweise linksdrehenden Spiralen der Sonnenblume sind immer zwei aufeinander folgende Fibonacci-Zahlen, also 8 und 13 oder 13 und 21. Sie glauben es nicht? Zählen Sie nach!

Übrigens: Das gleiche Phänomen finden Sie bei den Schuppen der Ananasfrucht, bei Tannenzapfen und bei den Stacheln mancher Kakteen!

2 Der Irrtum des Herrn Herberger

Regelmäßig bringt der Fußball ganze Nationen in Wallung. Doch fast niemand weiß, aus wie viel Vielecken das scheinbar runde Leder aufgebaut ist.

»Der Ball ist rund!«, soll der legendäre Fußballbundestrainer Sepp Herberger gesagt haben. Dieser Satz ist mittlerweile sprichwörtlich geworden.

Aber er ist falsch.

Der Fußball ist keine perfekte Kugel. Er ist aus einzelnen Flecken zusammengesetzt. Wenn allerdings der Ball prall aufgepumpt ist, wölben sich die einzelnen Teile nach außen, und es entsteht ein Ding ohne Ecken und Kanten, das gleichmäßig über den Rasen rollt.

Klar: Wenn man viele sehr kleine Teile benutzen würde, könnte man eine sehr runde Form erhalten. Aber wer soll diese vielen Teile zusammennähen? Beim Fußball hat man daher einen Kompromiss zwischen einer möglichst gleichmäßigen Form und einer möglichst geringen Zahl von Teilen gefunden.

Zuerst denkt man unwillkürlich an Sechsecke, die zusammengenäht sind. Aber Sechsecke allein ergeben keinen Ball. Drei regelmäßige Sechsecke passen perfekt aneinander und bilden eine ebene Fläche. So wie bei Bienenwaben. Man muss deshalb noch kleinere Vielecke hinzunehmen, um etwas Dreidimensionales zu bekommen – zum Beispiel Fünfecke. Beim Fußball macht man das so, dass an jeder Ecke zwei Sechsecke und ein Fünfeck aneinanderstoßen. Dadurch erhält man ein erstaunlich rundes Gebilde. Wenn man nachzählt, stellt sich heraus, dass der Fußball aus zwölf Fünfecken und 20 Sechsecken besteht und dass sich keine zwei Fünfecke berühren.

Die Mathematiker untersuchen schon sehr lange solche »Körper«, die aus regelmäßigen Vielecken und so gleichmäßig wie möglich zusammengesetzt sind. Man nennt sie archimedische Körper. Ein weiteres Beispiel eines archimedischen Körpers ist der Tipp-Kick-Ball. Dieser besteht aus Quadraten und Dreiecken, und er wirkt gar nicht rund. Das soll er auch nicht sein. Denn beim Tischfußball darf der Ball nicht zu gut rollen, weil sonst jeder Schuss außerhalb des Spielfelds landen würde.

Der nicht ganz runde Fußball spielt auch anderswo eine spektakuläre Rolle: So entdeckten die Chemiker Harold W. Kroto von der University of Sussex in England sowie Robert F. Curl und Richard E. Smalley von der Rice University in Houston, Texas, bei der Laserverdampfung von Graphit eine stabile Kohlenstoffverbindung C_{60}. Dieses Riesenmolekül besteht aus 60 Kohlenstoffatomen, die so angeordnet sind, dass sie die 60 Ecken eines winzigen molekularen Fußballs bilden. Dieser Aufbau ist stabil, weil die Kohlenstoffatome ausbalanciert sind und die Spannung im annähernd runden Molekül optimal verteilt ist. Die Entdeckung wurde 1996 mit dem Nobelpreis für Chemie belohnt.

Das C_{60}-Molekül gehört zu den so genannten »Fullerenen«. Diese wurden nach dem Architekten Buckminster Fuller benannt, der viele Gebäude mit spektakulärer Kuppelform konstruiert hat – etwa den Pavillon der USA auf der Weltausstellung 1967 in Montreal. Die Forscher nannten ihre neu entdeckten Kohlenstoffmoleküle nach ihm, weil seine Kuppeln den zündenden Funken auslösten.

Weihnachtssterne: golden und interessant

3

Weihnachtssterne haben (fast) immer fünf Ecken.
Nur dann wirken sie ästhetisch.
Pentagramme waren schon den Pythagoreern wichtig.

Wie viele Ecken hat ein Weihnachtsstern? Wenn Sie meinen, das komme drauf an, es gebe solche und solche, dann täuschen Sie sich.

Gehen Sie einmal in der Vorweihnachtszeit durch die Straßen, schauen Sie und zählen Sie. Sie werden staunen: Jeder Stern hat fünf Ecken. Natürlich gibt es ein paar ungebildete Sterne, die nicht bis fünf zählen können und daher sechs Zacken zeigen. Na ja, auch 6 ist eine gute Zahl, aber 5 ist viel interessanter.

Sie fragen, was »interessant« heißen soll? Interessant heißt jedenfalls »nicht ganz einfach«. Versuchen Sie mal, von Hand ein regelmäßiges Fünfeck oder einen Weihnachtsstern zu zeichnen, dann wissen Sie, was ich meine.

In der Natur kommt die Zahl 5 häufig vor: Schneiden Sie einen Apfel quer durch, und Sie sehen nicht etwa ein Viereck oder ein Sechseck, sondern ein Fünfeck!

Sobald Sie dafür sensibilisiert sind, sehen Sie Fünfecke und Fünfsterne an allen Ecken und Enden: beim Logo der Automarke Chrysler, beim Zeichen der RAF, beim Sternenbanner der USA, bei den Flaggen der islamischen Staaten usw.

Für die Mathematiker ist der Weihnachtsstern seit über 2000 Jahren ein Schatz und eine Herausforderung gleichermaßen. Die Pythagoreer benutzten vor 2500 Jahren den Weihnachtsstern als ihr Logo (und nannten es »Pentagramm«). Und sie entdeckten eine geheimnisvolle Zahl am Pentagramm: Die Strecken, die von Spitze zu Spitze führen, schneiden sich genau im »Goldenen Schnitt«. Er entsteht, wenn man eine Strecke so teilt, dass die Länge der Gesamtstrecke sich zum größeren Teil so verhält wie die Länge des größeren Teils zum kleineren. Der Goldene Schnitt gilt als besonders ausbalanciertes Verhältnis zwischen den Extremen, von Spannung und Entspannung, kurz: als Maß für Schönheit.

Mit ein bisschen Geometrie und Algebra kann man dieses Verhältnis auch ausrechnen, es ist 1 plus Wurzel aus 5 geteilt durch 2 – das ist etwa 1,618. Der Punkt, der die Strecke im Goldenen Schnitt teilt, liegt dann bei 61,8 Prozent der Gesamtstrecke. In diesem Verhältnis teilen sich die Seiten des Pentagramms.

Diese Entdeckung hatte dramatische Konsequenzen. Das hängt damit zusammen, dass der Goldene Schnitt eine irrationale Zahl ist. Die Zahl 1 plus Wurzel aus 5 geteilt durch 2 ist kein Bruch aus zwei ganzen Zahlen. Man kann sich dieser Zahl natürlich durch Brüche annähern, aber exakt stimmt's einfach nie. Das liegt an der Wurzel aus 5. Die Zahl $\sqrt{5}$ ist nicht rational, also ist auch der Goldene Schnitt irrational.

Die Pythagoreer, die das Pentagramm zu ihrem Erkennungszeichen gewählt hatten, brauchten lange Zeit, um dies einzusehen. Grundsätzlich waren sie der Überzeugung, dass sich alles, aber auch alles in der Welt durch ganze Zahlen und ihre Verhältnisse, also durch rationale Zahlen, beschreiben lässt. Irgendwann wurde ihnen bewusst, dass sich nicht einmal ihr Logo durch rationale Zahlen beschreiben lässt! Denn an ihm zeigt sich unübersehbar eine irrationale Zahl, nämlich der Goldene Schnitt.

Wundern Sie sich noch, warum Weihnachtssterne so schön, so interessant – und so aufregend sind?

4 Leugnen zwecklos – das waren eindeutig Sie!

Sorgt für korrekte Telefonrechnungen: die SIM-Chipkarte im Handy. Sie birgt einen geheimen Schlüssel und einen Algorithmus.

Geht es Ihnen auch so? Was ich fürs Telefonieren bezahle, geht auf keine Kuhhaut. Viel zu viel. Und meine Handyrechnung sieht noch viel schlimmer aus. Es ist ja schön, von überall anrufen zu können, und es ist bequem, überall erreichbar zu sein. Aber es ist auch teuer.

Vielleicht fragen Sie sich: Woher weiß denn meine Telefonfirma, dass ich all diese Gespräche geführt habe? Könnte ich eventuell durch eine klitzekleine Manipulation erreichen, dass ich überhaupt keine Gebühren mehr bezahlen muss, weil der Netzbetreiber seine Rechnung an jemand ganz anderen schickt? Für den Netzbetreiber wäre das der GAU! Es wäre furchtbar für ihn, wenn er vor Gericht mühsam sein Geld eintreiben müsste.

Deswegen haben die Entwickler des Mobilfunknetzes GSM (global system for mobile communication) eine Technik eingesetzt, die solche Prozesse von vornherein entscheidet. Denn ein Netzbetreiber kann mit fast mathematischer Sicherheit beweisen, dass er die Teilnehmer eindeutig identifiziert hat – die Rechnung also an die richtige Adresse schickt.

Dabei sind ihm letztlich sowohl die telefonierende Person als auch das benutzte Handy egal. Entscheidend ist das SIM (subscriber identification module). Das ist die kleine Chipkarte, die Sie bei Vertragsabschluss bekommen und die Sie dann ins Handy stecken. Der Netzbetreiber identifiziert dieses SIM.

Hier kommt die Kryptographie ins Spiel, eine mathematische Disziplin, die aus vielen modernen Produkten nicht mehr wegzudenken ist. Weder Ihre EC-Karte noch die Wegfahrsperre Ihres Autos würden ohne sie funktionieren. Das GSM-System war die erste große Anwendung, in der von vornherein Kryptographie eingeplant war. Zum Beispiel, um die Gespräche zu verschlüsseln. Allerdings nur bis zu dem Punkt, an dem sie ins normale Festnetz eingespeist werden.

Kryptographie ist aber auch im Spiel, wenn es darum geht, das SIM zu identifizieren. Dazu muss im Chip des SIM zweierlei vorhanden sein: ein Algorithmus und ein geheimer Schlüssel. Der Algorithmus ist bei allen Chips gleich, aber jedes SIM hat seinen eigenen Schlüssel – sein ganz spezielles Geheimnis! Auch beim Netzbetreiber sind sowohl der Algorithmus als auch der Schlüssel für jedes zugelassene SIM vorhanden.

Die Identifizierung ist ein raffiniertes Spiel. Nicht eine einfache Abfrage (»Sag mir deinen Namen!«), sondern ein Frage-und-Antwort-Spiel: »Ich stell dir eine Frage, auf die du die richtige Antwort nur geben kannst, wenn du das echte SIM bist!« Die Frage besteht aus einer Zahl, die zufällig gewählt wird. Das SIM berechnet die Antwort, indem es den Algorithmus anwendet, und zwar auf die Zufallszahl und den Schlüssel. Die Antwort hängt also sowohl vom Schlüssel des SIM als auch von der vom Netzbetreiber gewählten Zufallszahl (der »Frage«) ab. Der Netzbetreiber kann die Antwort ebenfalls berechnen.

Dieses Spiel wird laufend wiederholt – zu Beginn jeden Gesprächs, manchmal auch während eines Gesprächs. Jeweils mit einer neuen Zufallszahl und dementsprechend mit einer neuen Antwort. Ein richtig gutes Verfahren.

Tut mir leid. Sie müssen – wohl oder übel – davon ausgehen, dass Ihr Netzbetreiber Sie beziehungsweise Ihr SIM zweifelsfrei identifiziert. Mit solchen Argumenten sollten Sie die Rechnung nicht anzweifeln.

Das Olympiadach

5

Warum ist das Zeltdach des Münchner Olympiastadions so schön?
Warum wirkt es trotz seiner Dimensionen so leicht und natürlich?
Die Mathematik weiss die Antwort.

Es ist eines der schönsten und elegantesten Werke der Architektur des 20. Jahrhunderts. Stabil und leicht, beschwingt und einladend, schützend und anziehend gleichermaßen. Ein echter Geniestreich!

Das zeltartige Dach des Olympiastadions in München ist das Symbol für die Olympischen Spiele 1972 in München.

Warum ist dieses Dach eigentlich so schön? Sie meinen, das sei eine Geschmacksfrage und über Geschmack könne man nicht streiten. Der eine erfreut sich an Holzbalkonen mit Geranien, ein anderer steht auf neckisch gruppierte Gartenzwerge im Vorgarten, und manche finden eben das Olympiadach schön? Nein, so ist es nicht. Es ist nicht eine reine Geschmacksfrage, denn in dem Dach steckt die Schönheit der Mathematik!

Wie kamen die Architekten auf diese ungewöhnlich geschwungenen Formen? Das Dach wurde vom Institut für Leichte Flächentragwerke der Universität Stuttgart unter Leitung von Frei Otto entworfen. Die Mitarbeiter des Instituts haben damals nicht in möglichst verrückten Designideen geschwelgt – im Gegenteil: Sie suchten die einfachsten Formen. Dazu haben sie experimentiert und beobachtet.

Beobachtet haben sie – Seifenhäute! Ja, sie haben genauso mit Seifenblasen gespielt wie wir als Kinder. Sie haben sich nicht auf kugelförmige Blasen beschränkt, sondern tauchten alle möglichen Drahtgestelle in die Seifenlauge und beobachteten, was dabei herauskam.

Solche Experimente können Sie selbst machen. In eine mit Wasser gefüllte Schüssel geben Sie einen kräftigen Schuss Spülmittel und lassen die Sache ein bisschen stehen. Dann nehmen Sie einen Draht, formen den zu irgendeinem mehr oder weniger geschlossenen Gebilde, tauchen ihn in die Seifenlauge – überlegen sich, welche Flächen wohl entstehen werden, wenn das Gebilde herausgezogen wird –, ziehen es heraus und schauen. Sie werden überrascht sein! Wenn Sie den Draht zum Beispiel in Form eines Tetraeders (Pyramide mit dreieckiger Grundfläche) gebogen haben, dann bilden sich die Seifenhäute nicht einfach an den vier Flächen. Vielmehr entsteht im Innern des Tetraeders ein Punkt – und von diesem aus führen Ebenen zu den Kanten des Tetraeders: eine Struktur von schillernder Schönheit.

Die Stuttgarter haben damals tausende von Versuchen gemacht, alle dokumentiert und dann die angemessene Form für das Olympiastadion ausgesucht – wie vorher für den deutschen Pavillon der Weltausstellung 1967 in Montreal.

In den Seifenhäuten steckt Mathematik. Und zwar ausgesprochen schwierige Mathematik. Es ist die Mathematik der Minimalflächen: Seifenlauge hat nämlich eine »mathematische« Eigenschaft. Es ist zwar nur eine einzige, aber die realisiert sie konsequent und kompromisslos: Sie bildet sich immer so, dass ihre Oberfläche so klein wie möglich ist. Bei jeder kleinen Verformung wird die Fläche größer, die Spannung stärker – also federt die Seifenhaut wieder in ihre Ausgangslage zurück.

Die Mathematik der Minimalflächen ist ausgesprochen schwierig, man muss komplizierteste Differentialgleichungen lösen. In vielen Fällen kann man auch heute noch eine Minimalfläche leichter mit Seifenlauge realisieren als mathematisch bestimmen.

Letztlich sind die mathematischen Formeln auch nur Ausdruck der Stabilität und der unübertroffenen Eleganz des Olympiadachs. Dessen Formen sind »einfach so« entstanden und wirken daher trotz ihrer riesigen Dimensionen ausgesprochen natürlich.

Schauen Sie sich den Geniestreich an. Es lohnt sich.

Exitus am Victoriasee

6

Schön – und tödlich: Wasserhyazinthen ersticken durch ihr exponentielles Wachstum den Victoriasee in Afrika. Dabei fing alles ganz harmlos an …

Der Victoriasee ist der größte See der Welt – er würde fast ganz Bayern unter Wasser setzen. Zu Schiff lässt er sich bald nicht mehr befahren, denn er wächst zurzeit zu. Die Wasserhyazinthe, eine wunderschön blassviolett blühende Pflanze, überwuchert den Victoriasee.

Zum ersten Mal wurde das liebliche Monster 1988 am Victoriasee gesichtet. Die Eichhornia crassipes vermehrt sich mit unerbittlicher Geschwindigkeit. Bei optimaler Temperatur, zwischen 25 und 27,5 Grad, verdoppelt sich die überwachsene Seefläche innerhalb von fünf bis 15 Tagen. Gnadenlos. Der Victoriasee wächst bei besonders günstigen Verhältnissen um bis zu 2000 Hektar pro Woche zu.

Die Folgen sind dramatisch: Der dicke Teppich der Wasserhyazinthe zerstört die Ufer, überwuchert Strände und blockiert die Häfen. Durch sie gelangt kein Sauerstoff mehr ins Wasser, so dass die Fische verenden. Dafür wimmelt es von Schnecken, Moskitos und Schlangen. Wenn nicht schnell etwas geschieht, droht der Kollaps des Victoriasees. Vielleicht ist es auch schon zu spät.

Mathematiker können vorhersehen, was passieren wird. Sie nennen diese unvorstellbare Zunahme, bei der sich die Menge von einem Schritt auf den nächsten verdoppelt, »exponentielles Wachstum«. Die Dramatik solcher Wachstumsprozesse besteht darin, dass zu Beginn alles ganz harmlos wirkt, aber dann die Wachstumsgeschwindigkeit »plötzlich« so groß wird, dass kaum Zeit für Gegenmaßnahmen bleibt. Wenn der Victoriasee erst einmal halb zugewachsen ist, dann dauert es nur noch 14 Tage, bis er völlig dicht ist. Exponentielles Wachstum ist zwar vorausberechenbar, aber letztlich unvorstellbar – vor allem deswegen, weil wir real jeweils nur die ersten Schritte erleben. Zum Glück.

Um Ihnen das Unvorstellbare des exponentiellen Wachstums deutlich zu machen, möchte ich mit Ihnen ein Experiment durchführen. Keine Angst, es passiert Ihnen nichts. Es ist nicht eklig und Sie können sich auch nicht blamieren. Aber Sie werden dabei etwas Unglaubliches erfahren!

Nehmen Sie sich ein großes Blatt Papier. Wie dick wird es wohl sein? Ich vermute mal, ein zehntel Millimeter. Nun falten Sie das Blatt einmal in der Mitte und legen es sorgfältig zusammen. Das Blatt ist nun halb so groß und doppelt so dick, aber immer noch sehr dünn. Nun falten Sie das gefaltete Blatt wieder in der Mitte und legen es sorgfältig zusammen. Jetzt ist das schon viermal so dick wie ein einzelnes Blatt. Wiederholen Sie den Prozess. Jetzt ist der Stapel schon etwa ein Millimeter dick, und wir wissen: Er ist achtmal so dick wie das Original. Also ist das Blatt wirklich etwa ein zehntel Millimeter dick.

Wir halten inne, und ich frage Sie: Wie oft müssten Sie falten, um einen Stapel zu erhalten, der von hier bis zum Mond reicht?

Klar, das kann nur ein Gedankenexperiment sein. Denn beim letzten Faltvorgang müssten Sie einen bereits circa 180 000 km hohen Stapel in der Mitte knicken, um daraus einen 360 000 km hohen Stapel zu machen. Das geht höchstens im Kopf.

Aber fragen darf man. Und eine Antwort gibt es auch. Diese heißt: 42. Ja, richtig gelesen: 42. Nicht 42 000 oder 42 000 000, sondern gerade mal 42. Nicht, weil 42 die Antwort auf alle Fragen ist, sondern weil man es ausrechnen kann: 2 hoch 42 mal 0,1 mm sind etwa 439 804 km und damit weit mehr als der Abstand zum Mond.

Übrigens: Für die Distanz zur Sonne muss man nicht viel häufiger falten – da reicht 50-mal.

Sie glauben das nicht? Rechnen Sie nach! Aber zugegeben: Es ist einfach unvorstellbar.

Wir machen's wie die Bienen

7

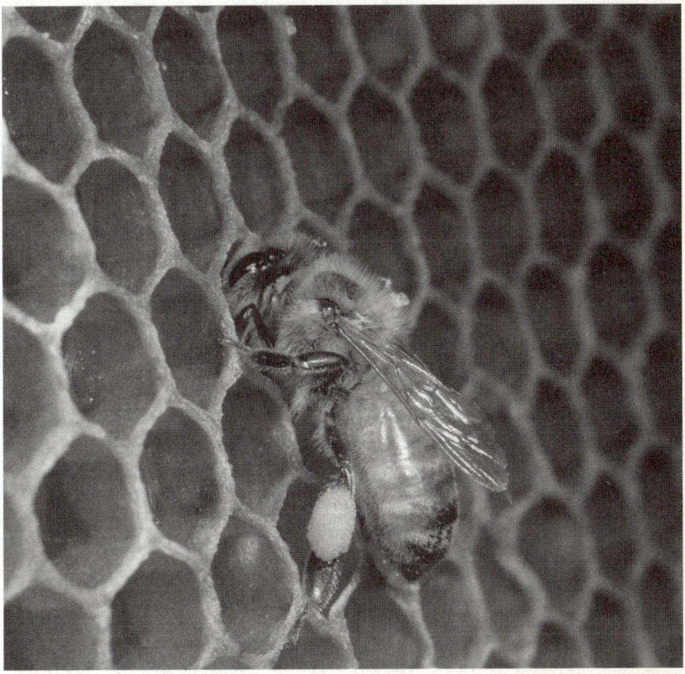

Die sechseckigen Bienenwaben sind ein Paradebeispiel von Ökonomie und daraus resultierender struktureller Schönheit.

Bienenwaben gehören zu den schönsten Strukturen der Natur. Jede Zelle einer Wabe schmiegt sich perfekt an die anderen, es bleibt kein noch so kleiner Zwischenraum frei. Ein Musterbeispiel von Ökonomie und daraus resultierender struktureller Schönheit!

Jede Zelle einer Wabe ist ein Sechseck. Nicht irgendein Sechseck, sondern ein reguläres: Alle Strecken sind gleich lang und alle Winkel gleich groß.

Warum verwenden die Bienen ausgerechnet Sechsecke? Warum keine Dreiecke oder Quadrate – die wären leichter zu konstruieren? Warum keine Fünfecke – dann müssten sie nur bis fünf zählen? Oder wenn schon große Zahlen, warum kein Achteck – das ist doch auch schön?

Auf diese Fragen gibt es klare mathematische Antworten! Eine offensichtliche Vorgabe ist, dass die Zellen der Waben lückenlos aneinanderpassen müssen. Mathematiker nennen eine lückenlose und überschneidungsfreie Überdeckung der Ebene durch irgendwelche Teile ein Parkett beziehungsweise eine Pflasterung.

Aus welchen regulären Vielecken kann man die Ebene parkettieren? Jeder kennt das Parkett aus Quadraten. Wir finden es im Badezimmer, und kariertes Papier ist ein Beispiel für ein Quadratparkett. Die Waben ergeben ein Parkett aus regulären Sechsecken, und ein Parkett aus gleichseitigen Dreiecken ist ganz leicht herzustellen – zu sehen zum Beispiel auf einem Halmabrett.

Die erste Antwort der Mathematik auf die Bienenwabenfrage lautet: Dies sind bereits alle Parkette aus regulären n-Ecken. Wenn Sie also Ihr Badezimmer mit regulären n-Ecken auslegen möchten, können Sie das nur mit Dreiecken, Quadraten oder Sechsecken machen. Warum? Ganz einfach: Mit den anderen regulären Vielecken kann man nicht einmal richtig beginnen, ein Parkett zu legen, es scheitert schon beim ersten Schritt. Zum Beispiel geht es nicht mit Fünfecken. Ein reguläres Fünfeck hat in jeder Ecke einen Winkel von 108 Grad. Wenn man drei Fünfecke an einer Ecke zusammenlegt, bleibt eine Lücke, wenn man vier zusammenlegt, überlappen sie sich.

Und wenn man's mit Siebenecken, Achtecken oder noch größeren Teilen versucht, schafft man nicht einmal, drei Teile an einer Ecke ohne Überschneidungen zusammenzulegen. Denn diese Vielecke haben an jeder Ecke einen Winkel, der größer als 120 Grad ist.

Warum wählen die Bienen Sechsecke und nicht Dreiecke oder Quadrate? Auch dafür gibt es eine mathematische Antwort: Die Waben dienen auch zur Aufzucht der Larven. Eine Larve ist in erster Näherung von oben betrachtet ein kreisförmiges Etwas. Unter den möglichen Wabenformen ist das Sechseck die »rundeste«, also haben in diesen die Larven am besten Platz.

Die Theorie der Parkette ist eine lebendige Disziplin der Mathematik. Darin wird – unter anderem – untersucht, mit welchen Steinen man die Ebene pflastern kann. Zum Beispiel mit jedem Dreieck! Dazu muss man das Dreieck nur um den Mittelpunkt einer Seite drehen, das ursprüngliche Dreieck ergibt zusammen mit dem gedrehten ein Parallelogramm, und damit kann man die Ebene pflastern. Ebenso mit jedem beliebigen Viereck.

Bei Fünfecken und Sechsecken wird es interessanter, das heißt schwieriger, denn man kann nicht mit jedem Fünfeck oder Sechseck die Ebene überdecken. Also muss man diejenigen herausfinden, mit denen das geht …

8 Einmal sechs Richtige!

Jeden Samstag gibt es in deutschen Wohnstuben lange Gesichter – wieder keine sechs Richtigen! Aber vielleicht beim nächsten Mal …

Wissen Sie, worüber ich mich ärgern, so richtig abgrundtief ärgern würde? Ich will es Ihnen am allwöchentlichen Versuch, das Glück zu packen, erklären. Stellen wir uns vor, dass ich jede Woche Lotto spiele. Ich mache ordentlich meine Kreuzchen und zahle meinen Einsatz. Gut, ich weiß, dass die Chancen für einen Hauptgewinn beim Lotto »6 aus 49« verschwindend gering sind. Man kann das sogar genau ausrechnen: Bei der Ziehung der Lottozahlen gibt es für die Kugel, die zuerst gewählt wird, 49 Möglichkeiten; für die zweite 48, für die dritte 47 und so weiter. Für die sechste Kugel gibt es noch 44 Möglichkeiten.

Anschließend werden die Zahlen der Größe nach geordnet: Wenn zum Beispiel nacheinander 13, 21, 6, 44, 25, 10 gezogen wurden, lautet die Tippreihe 6, 10, 13, 21, 25, 44. Für die Tippreihe ist es nur von Bedeutung, welche Zahlen gezogen wurden, nicht in welcher Reihenfolge diese gezogen wurden. Das heißt, alle Anordnungen dieser sechs Kugeln werden gleich behandelt. Da es genau $6 \cdot 5 \cdot 4 \cdot 3 \cdot 2 \cdot 1$ Anordnungen der sechs Kugeln gibt, ist die Zahl aller Tippreihen gleich $49 \cdot 48 \cdot 47 \cdot 46 \cdot 45 \cdot 44 : (6 \cdot 5 \cdot 4 \cdot 3 \cdot 2 \cdot 1) = 13\,983\,816$. Eine riesige Zahl. Ich müsste knapp 14 Millionen Tippreihen abgeben, um garantiert sechs Richtige zu haben.

Um uns diese Zahl besser vorstellen zu können, nehmen wir einmal an, ich würde regelmäßig spielen und 50 Jahre lang mein Glück versuchen. Jede Woche. Um das Glück etwas auf Trab zu bringen, würde ich jede Woche zehn Tipps abgeben. Wie groß ist die Wahrscheinlichkeit, wenigstens einmal einen Sechser zu haben? Entmutigend klein: Nicht einmal zwei Promille!

Über meine verlorenen Einsätze würde ich mich nicht ärgern. Jedenfalls nicht sehr. Aber meine Zornesader würde anschwellen, wenn ich einmal dran wäre, wenn ich einmal sechs Richtige hätte – und dann »meinen« Gewinn mit anderen teilen müsste! Mit einem Mitgewinner würde es ja noch gehen, zur Not auch mit zweien. Aber mit 100? Oder 1000? Darüber würde ich mich richtig ärgern!

Kann das passieren? Es passiert laufend.

Den Ärger möchte ich mir ersparen. Wenn ich schon mein Geld in Lotto anlege, dann will ich meinen Gewinn nicht mit anderen teilen müssen. Ich muss also meine Tippreihe so wählen, dass nach Möglichkeit niemand anders meine Zahlen gewählt hat. Das klingt schwieriger, als es ist. Natürlich weiß ich nicht, welche Zahlen die anderen Lottospieler tippen. Aber viele Spieler machen Fehler, und die sollte man vermeiden:

Keine Muster. Die Kreuzchen sollen auf dem Tippschein nicht »schön« angeordnet sein. Keine Reihen, keine Diagonalen oder Ähnliches. Zu viele Leute finden das gut und machen das so.

Nicht nur Zahlen unter 31. Viele Menschen tippen Geburtstage.

Nicht die Zahlen der vergangenen Ziehungen. Es ist unglaublich, aber wahr: Viele Spieler tippen die Zahlen der vergangenen Ziehungen oder die siegreichen Tippreihen aus dem Ausland.

Wenn ich tatsächlich einmal Lotto spiele, dann tue ich das so, dass Sie mir nicht auf die Schliche kommen können und meine Tippreihe rauskriegen. Das sollten Sie auch gar nicht versuchen – denn Sie haben ja rein gar nichts davon.

Das Geheimnis der 13. Ziffer

9

Wenn der Scanner richtig gelesen hat, sagt er »Piep!«.

»Bei Ihnen piept's wohl?« Wenn Sie eine Kassiererin im Supermarkt so ansprechen würden, wäre diese sicher beleidigt. Zu Recht. Natürlich piept es dauernd – nämlich jedes Mal, wenn sie eine der Waren an den Scanner hält. Ein Problem gibt es allerdings nur, wenn es nicht piept. Dann hat nämlich der Scanner etwas falsch gelesen und würde vielleicht einen zu hohen Preis anzeigen. Mit dem Pieps sagt die Kasse: »Okay, alles in Ordnung, ich habe die Daten richtig gelesen!«

Die Frage ist bloß, wie so ein dummer Zahlenleser merken kann, ob er richtig oder falsch gelesen hat. Die Antwort lautet: Weil in den Zahlen ein mathematisches System steckt.

Der Scanner liest eine lange Zahl. Eine Zahl aus 13 Ziffern. Jede Ziffer hat eine Bedeutung. Die ersten beiden bezeichnen das Land (40 = Deutschland), die nächsten fünf Ziffern stehen für die Firma und die folgenden fünf für das Produkt. Bleibt noch eine Ziffer. Diese ist für uns entscheidend. Denn mit Hilfe dieser »Prüfziffer« kann der Scanner erkennen, ob er richtig oder falsch gelesen hat.

Wie wird die Prüfziffer berechnet? Mit Hilfe der guten alten Quersumme: Das Grundprinzip besteht darin, die Prüfziffer so zu bestimmen, dass die Quersumme der gesamten Zahl eine Zehnerzahl ist. Man bildet dazu zunächst die Summe der ersten zwölf Ziffern und wählt dann die Prüfziffer so, dass sie diese Summe zur nächsten Zehnerzahl ergänzt. Wenn die Summe der ersten zwölf Ziffern beispielsweise 37 ist, dann lautet die Prüfziffer 3.

Zur Überprüfung muss man nur die Quersumme der gesamten Zahl ausrechnen. Wenn diese keine Zehnerzahl ist, dann ist bestimmt ein Fehler passiert, und die Zahl wird nicht akzeptiert. Wenn die Quersumme aber eine Zehnerzahl ist, dann liegt entweder kein Fehler vor – oder mindestens zwei. Aber das ist so unwahrscheinlich, dass man diese Möglichkeit unberücksichtigt lässt.

So weit die Grundidee. Die Erfinder der Zahlen unter den Strichcodes waren damit aber noch nicht zufrieden. Sie wollten sichergehen, dass dem Scanner auch eine Vertauschung von aufeinander folgenden Ziffern auffällt. Das ist besonders beim Eintippen von Zahlen eine beliebte Fehlerquelle: Man liest 43, sagt »dreiundvierzig« und schreibt 34.

Um das zu merken, musste eine raffiniertere Quersumme her. Eine Quersumme, bei der aufeinander folgende Stellen unterscheidbar sind, weil sie unterschiedliche Gewichte haben. Der Trick ist einfach: Man multipliziert die aufeinander folgenden Ziffern abwechselnd mit 1 und 3, dann erst bildet man die Summe dieser Produkte. Schauen Sie sich folgende Nummer an:

Zahl (ohne Prüfziffer)	4	0	0	6	3	0	5	1	8	0	2	3
Multiplikationsfaktor	1	3	1	3	1	3	1	3	1	3	1	3
Produkt	4	0	0	18	3	0	5	3	8	0	2	9

Die Summe der Produkte ist 52, die Prüfziffer also 8 (Ergänzung auf die nächste Zehnerzahl). Überprüfen Sie diesen Code an einem Produkt Ihrer Wahl. (Achtung: Es gibt auch achtstellige Codes. Bei diesen lautet die Gewichtung 3 – 1 – 3 –1 – 3 – 1 – 3 – 1.)

Dieser Code heißt auch EAN-Code (EAN: Europäische Artikel-Nummerierung). Dank ihm entdeckt die Kasse Einzelfehler und Vertauschungsfehler – jedenfalls die meisten. Nur wenn die »gewichtete Quersumme« eine Zehnerzahl ist, piept's in der Kasse.

Der eigentliche Strichcode ist nur eine Übersetzung der darunter stehenden Ziffern in maschinenlesbare Symbole.

In Zukunft wissen Sie: Wenn es bei der Kassiererin piept, bedeutet das nur Gutes für Sie!

Römische Rechenkünstler 10

»Der Erbe hat es (das Grabmal) ausführen lassen«: H(eres) F(aciendum) C(uravit), und zwar für »Lucius, Sohn des Crispus, marsischer Bürger, Reiter in der Ala der Afrikaner. In der Schwadron des Flavius, 28 Jahre, 9 Jahre Militärdienst«. Die Ziffer 9 ist entgegen der üblichen Schreibweise (IX) mit VIIII dargestellt.

XXVIII bedeutet ... Moment mal!

Also, I ist eins, V ist fünf und X bedeutet zehn. Damit ist die Zahl prinzipiell einfach zu lesen. Die größten Zahlen stehen vorn. Es beginnt mit zweimal X, also 20. Dann kommt V, das heißt fünf, und dann dreimal I. Damit können wir obige Zahl zweifelsfrei lesen:

$$XXVIII = 10 + 10 + 5 + 1 + 1 + 1 = 28.$$

Wie es scheint, bedeutet ein römisches Zahlzeichen immer dasselbe, unabhängig davon, wo es steht. X bedeutet immer zehn, M immer 1000. Man könnte zunächst denken, das sei ein Vorteil gegenüber unserem System, in dem der Wert einer Ziffer von der Stelle, an der sie steht, bestimmt wird. Aber das Gegenteil ist richtig. Wenn man mit römischen Ziffern große Zahlen darstellen will, muss man immer wieder neue Zeichen erfinden. Die Römer hatten im Prinzip keine Zeichen für Zahlen ab 100 000. Zum Beispiel war 100 000 eine I mit einem Rahmen, 200 000 eine II mit einem Rahmen und so weiter.

Obwohl römische Zahlen nicht zum Rechnen geschaffen waren, sondern nur zur Darstellung von Zahlen, funktioniert wenigstens die Addition prinzipiell einfach. Man schreibt die Zahlen einfach hintereinander und fasst dann entsprechende Zahlen zusammen. Was ist zum Beispiel 28 + 15?

$$XXVIII + XV = XXVIIIXV = XXXVVIII = XXXXIII.$$

Allerdings funktioniert auch dies nur »im Prinzip«. Denn durch eine Vereinfachung der Schreibweise haben sich die Römer selbst ein Bein gestellt. Für die Zahl 4 schrieben sie nämlich nicht IIII, sondern IV, also 5 – 1. Statt XXXX schrieben sie XL, das heißt 50 – 10. Das hat natürlich Vorteile, wenn man die Zahlen in Stein hauen muss, aber für das Rechnen ist es eine Katastrophe! Denn eine Zahl kann nun doch verschiedene Bedeutungen haben: Im Normalfall bedeutet I, dass die Zahl 1 hinzukommt, wenn I allerdings vor V oder X steht, dann bedeutet es, dass 1 abgezogen werden muss.

Übrigens: Wie haben die Römer gerechnet? Denn rechnen mussten sie. Ohne zu rechnen hätten sie weder das Kolosseum bauen noch ein Weltreich verwalten können. Die Römer haben nicht schriftlich gerechnet, sondern mit dem Abakus, und nur das Ergebnis in schriftlicher Form festgehalten.

Komplizierte Rechenoperationen wie das Multiplizieren scheinen vollkommen unmöglich zu sein: XIV mal XXIII? Aber es gab einen genialen Trick, den die Römer mit ihrem Abakus gut ausführen konnten. Der Trick funktioniert wie folgt:

Man schreibt die beiden zu multiplizierenden Zahlen nebeneinander. Die linke Zahl halbiert man und schreibt das Ergebnis darunter. Dabei ist man großzügig: Wenn es nicht aufgeht, lässt man den Rest weg. Wenn man von XIV ausgeht, steht darunter VII, und dann III. Das macht man so lange, bis man zu I gelangt. In der rechten Spalte verdoppelt man die Zahlen jeweils.

Jetzt kommt der Clou: Man addiert diejenigen Zahlen der rechten Spalte, bei denen die danebenstehende Zahl der linken Spalte ungerade ist! Das ist das Ergebnis!

Betrachten wir zur Illustration das Beispiel XIV mal XXIII:

XIV	XXIII
VII	XLVI
III	XCII
I	CLXXXIV

Also: XIV · XXIII = XLVI + XCII + CLXXXIV = CCCXXII. Oder, in der uns geläufigen Schreibweise: $14 \cdot 23 = 46 + 92 + 184 = 322$.

Klingt kompliziert und ist kompliziert – aber so haben die Römer multipliziert!

Verzerrte Wirklichkeit

11

Beherrschte der Piktogramm-Maler sein Metier nicht?
Warum ist das Fahrradzeichen auf dem Asphalt so verzogen?
Es steckt Absicht dahinter: Für einen Autofahrer
zum Beispiel ist diese Zeichnung in den Proportionen
völlig korrekt – aus einem bestimmten Blickwinkel.
Die Perspektive macht's.

Vielleicht ist es Ihnen auch schon so ergangen: Sie stehen als Fußgänger an einer Straße und schauen auf ein Bild eines Fahrrads. Ein auf die Straße aufgesprühtes Fahrrad. Sieht aber irgendwie merkwürdig aus, schief und verzerrt. Hat hier jemand beim Malen nicht aufgepasst?

Wie ein Fahrrad aussieht, wissen Sie. Und Sie denken, dass man einfach ein korrekt gezeichnetes Fahrrad maßstabsgetreu auf den Asphalt übertragen müsste. So schwierig kann das ja nicht sein. Dies ist hier offenbar nicht gelungen. Irgendwie ist das Fahrrad verzerrt. Sie können das so sehen, Sie haben Recht – von Ihrem Standpunkt aus. Als Fußgänger, der direkt daneben steht und auf das gezeichnete Fahrrad hinunterschaut.

Es gibt aber auch andere Blickwinkel. Wenn sich ein Autofahrer von ferne nähert und auf das Fahrrad am Boden blickt, sieht er – aus einer bestimmten Entfernung – das Objekt richtig! Es sieht aus wie ein ganz normales Fahrrad. Alles passt zusammen. Alle Proportionen stimmen.

Des Rätsels Lösung heißt Perspektive. Das Bild ist nicht misslungen, vielmehr wurde das Fahrrad absichtlich so unproportioniert gezeichnet, damit es aus der Ferne »richtig« aussieht. Es wurde nach präzisen Regeln perspektivisch verzerrt.

Wie können wir uns das vorstellen? Wann empfinden wir zwei Strecken als gleich lang? Ganz einfach: Wenn wir die Endpunkte der beiden Strecken unter dem gleichen Winkel sehen. Alle Strecken, die wir unter einem Winkel von – sagen wir – zehn Grad sehen, nehmen wir als gleich lang wahr. Konkret heißt das: Wenn das Fahrrad maßstabsgetreu (»korrekt«) auf eine senkrechte Fläche vor uns gezeichnet worden wäre, dann würden wir die Teile des Fahrrads, die gleich lang gezeichnet sind, auch als (ungefähr) gleich lang wahrnehmen.

Nun liegt das Fahrrad aber auf dem Boden. Wenn wir dieses aus einer bestimmten Entfernung betrachten, dann erscheint eine Strecke von zehn Zentimetern, die vorn, also »unten am Fahrrad« liegt, unter einem größeren Winkel als eine Strecke von zehn Zentimetern, die sich weiter hinten (»oben am Fahrrad«) befindet. Die Strecke, die sich weiter hinten befindet, erscheint uns daher kürzer.

Für die perspektivische Darstellung dreht man den Spieß um: Man zeichnet Strecken, die weiter hinten liegen, entsprechend länger. So sehen wir aus der Entfernung alle Strecken, die bei einem echten Fahrrad gleich lang sind, unter dem gleichen Winkel – und empfinden sie als gleich lang.

Die Kunst des perspektivischen Zeichnens wurde vor über 500 Jahren in Italien erfunden. Damit konnten die Maler auf der zweidimensionalen Leinwand dreidimensionale Räume darstellen. Diese räumliche Wirkung muss damals eine Sensation gewesen sein.

Wissen Sie, wo Sie spektakuläre perspektivisch verzerrte Darstellungen sehen können? Schauen Sie sich bei der nächsten Fernsehübertragung eines Fußballspiels die Werbeflächen an den Torauslinien an! Diese Flächen scheinen senkrecht zu stehen, befinden sich aber in Wirklichkeit flach auf dem Boden. Die Perspektive wurde exakt so gewählt, dass aus Sicht der Fernsehkamera alles perfekt aussieht. Wenn Sie die Situation dann aus der Perspektive einer anderen Kamera sehen, erkennen Sie, dass die Werbung verzerrt und flach am Boden liegt. Achten Sie mal drauf!

12 Symmetrie ist schön

Ein symmetrisches Gesicht ist schön,
ein symmetrisches Gebäude ist imposant –
die Gleichmäßigkeit prägt viele Bereiche.

Wenn Sie in Ihrem wohlverdienten Urlaub am Strand liegen, können Sie in aller Ruhe die Menschen um Sie herum betrachten. Da diese sich im Wesentlichen hüllenlos tummeln, zeigt sich deren mehr oder weniger vollkommene Schönheit gnadenlos. Es gibt ausgesprochen attraktive Menschen und solche, bei denen Sie nichts dagegen hätten, wenn ihre Blößen verhüllt geblieben wären.

Aber ein Grundmerkmal der Schönheit haben alle – sie sind symmetrisch. Von vorn oder hinten betrachtet bestehen wir Menschen aus zwei (fast) gleichen Hälften. Ich weiß, es gibt kleine Unterschiede zwischen rechts und links, die die vollkommene Symmetrie aufbrechen: Das Herz sitzt links und den Scheitel, so man einen hat, trägt man auf einer Seite. Aber im Grunde sind wir Menschen weitgehend symmetrisch.

Symmetrische Objekte sind uns aus dem Alltag so vertraut, dass wir deren Ebenmaß in der Regel gar nicht bewusst wahrnehmen. Tiere sind symmetrisch, aber auch Fahrzeuge, viele Gebäude und manche Pflanzen.

Symmetrie schafft Stabilität: Unsymmetrische Lebewesen und Fahrzeuge würden sich ohne Lenkung nicht geradeaus, sondern im Kreis bewegen. Große Gebäude wurden früher durchweg symmetrisch angelegt. Ich glaube, aus zwei Gründen. Zum einen sind symmetrische Gebäude stabiler als unsymmetrische. Das habe ich schon als Kind festgestellt, als ich versuchte, aus Bauklötzen einen möglichst hohen Turm zu bauen. Zum anderen macht ein symmetrisches Gebäude auch mehr Eindruck als ein unsymmetrisches. Kein Wunder, dass repräsentative Gebäude, von Schlössern über Schulen bis zu Bahnhöfen, symmetrisch angelegt waren.

Symmetrie zeigt Ordnung. Bei einer symmetrischen Aufstellung tanzt keiner aus der Reihe. Dieser Aspekt der Symmetrie hat positive und negative Wirkungen. Eine ordentliche, schön symmetrisch arrangierte Gruppenaufnahme macht einen guten Eindruck. Andererseits beziehen Massenaufmärsche, wie sie totalitäre Regime lieben, ihre Faszination zum Teil auch aus dem Gefühl der Zusammenfassung aller Individuen zu einem homogenen Ganzen. Und dadurch wird auch signalisiert: Du bist nur ein Teil eines Ganzen; wer sich nicht einordnet, fällt heraus.

Symmetrie ist schön. Viele Bilder sind symmetrisch angelegt. Das ruft entweder einen ausbalanciert-ruhigen oder einen spannungsreich-gegensätzlichen Eindruck hervor. Erst durch entsprechend komplexe Symmetrie ergibt sich das richtige Verhältnis zwischen Ordnung und Chaos.

Interessante Beispiele von Symmetrie, die Sie tagtäglich sehen, sind die Felgen an Autorädern. Hier verbinden sich Stabilität und Schönheit. Da Felgen rund sind, ist ihre Symmetrie eine Drehsymmetrie. Das bedeutet, dass eine Felge unter verschiedenen Winkeln gleich aussieht. Bei einer fünfzähligen Symmetrie kann man das Rad um 72 Grad (360 Grad dividiert durch 5) drehen, und es sieht genauso aus wie vorher. Es gibt alle möglichen Felgen: fünfzählige, siebenzählige, ja neunzählige Symmetrie kommt vor.

Und es gibt zwei verschiedene Sorten von Felgen: Solche, die nur eine reine Rotationssymmetrie haben, und solche, die auch Spiegelachsen besitzen. Das bedeutet, dass die Felgen nicht nur nach einer Drehung so aussehen wie zuvor, sondern sich auch in spiegelbildliche Hälften aufteilen lassen. Schauen Sie sich um! Auch an diesem alltäglichen Beispiel können Sie mathematische Strukturen entdecken.

13 Die Parabel am Haus

Die Verunstaltung der Häuser durch Satellitenschüsseln gehört inzwischen zum normalen Stadtbild. Woran kaum einer denkt: In den Schüsseln steckt raffinierte Mathematik.

Es war einmal eine Zeit, da gab es noch keine Sat-Schüsseln. Alle Häuser waren noch eckig und ebenmäßig und nicht von diesen runden Dingern ausgebeult.

Das ist noch gar nicht so lange her. Die Nutzung von Satellitenfernsehen durch private Programmanbieter wurde erst 1987 durch den Medienstaatsvertrag zugelassen. Ende 1988 ging der erste Astra-Satellit auf Sendung. Und nicht zu vergessen: Die Sat-Antennen waren nach der deutschen Wiedervereinigung einer der ersten großen Verkaufsschlager in den neuen Bundesländern.

Zu Beginn waren die Sat-Schüsseln (»Satelliten-Empfangsspiegel«) nicht unumstritten. Es gab Proteste von Denkmalschützern und Bedenken von Menschen, die ein Auge für die Schönheit und Ausgewogenheit von Gebäuden haben. Diese Proteste waren ebenso berechtigt wie wirkungslos. Die Technik der Sat-Schüsseln hat sich rasant und kompromisslos durchgesetzt. Der Grund ist klar: Man kann mit einfachster Technik (schauen Sie sich mal an, wie wenig an einer Schüssel dran ist!) an jedem Ort alle über Satellit ausgestrahlten Fernsehprogramme empfangen.

Wie funktionieren diese Schüsseln? Klar: Die Strahlen, die vom Satelliten ausgehen, werden in der Schüssel aufgefangen und gebündelt. Sie werden so gebündelt, dass der kleine Empfänger, der vor der Sat-Schüssel sitzt, die Strahlen konzentriert aufnehmen und weiterleiten kann. Der Empfänger sitzt im Brennpunkt wie die Spinne im Netz.

Damit sich die Strahlen im Brennpunkt bündeln, muss das Gerät genau ausgerichtet werden. Das ist gar nicht so einfach. Man kann sich das so vorstellen: Die Sat-Antenne ist ein drehsymmetrisches Gebilde – sie muss so ausgerichtet werden, dass die Drehachse genau auf den Satelliten zeigt.

Kann ich für die Schüssel ein Blech irgendwie biegen? Könnte ich zur Not auch eine Salatschüssel verwenden? Nein! Die Form der Sat-Antennen ist der eigentliche Clou. Die Schüsseln funktionieren nur, weil sie eine ganz bestimmte Form haben: Sie müssen einen Brennpunkt haben.

Betrachten wir das runde Ding zunächst nicht als Ganzes, sondern schneiden es – gedanklich – in der Mitte durch. Unser Schnitt geht durch den Mittelpunkt und verläuft in einer Ebene mit der Drehachse. Die Schüssel zerfällt in zwei Hälften, und entlang des Schnittes entsteht eine Kurve. Auf die kommt es an.

Diese Kurve ist eine Parabel. Vielleicht erinnern Sie sich aus der Schule an die Parabel. Wenn überhaupt, an die Normalparabel. Die sah irgendwie anders aus. Viel enger. Trotzdem ist die Schnittkurve einer Sat-Schüssel auch eine Parabel. Und man kann sich – mathematisch – die Schüssel so vorstellen, dass sie durch Drehen einer Parabel um die Symmetrieachse entsteht.

Alle Mathematiker und fast alle Schüler wissen: Jede Parabel hat einen Brennpunkt. Die Strahlen werden so reflektiert, dass sie durch den Brennpunkt gehen. Allerdings nur diejenigen, die parallel zur Symmetrieachse der Parabel verlaufen. Deshalb muss die Schüssel für einen guten Empfang genau ausgerichtet werden.

Warum verwendet man für die Ausgangskurve von Sat-Schüsseln keine Normalparabel? Ganz einfach: Der Brennpunkt der Normalparabel liegt ganz nahe bei ihrem Scheitel. So nahe, dass man dort rein technisch den Empfänger nicht unterbringen kann. Aber: Je flacher die Parabel, desto weiter außen liegt der Brennpunkt.

Kurz gesagt beruht der Erfolg der Satelliten-Empfangsspiegel letztlich auf der Mathematik der Parabeln.

14 Der Schwung der Halskette

Mathematiker nennen den formschönen Schwung einer Kette banal »Kettenlinie«. Und sie haben herausgefunden: Es gibt nur eine einzige Kettenlinie – ob Halsschmuck, Hüpfseil oder Brücke, es ist immer ein Teil der gleichen Kurve.

Meiner Meinung nach ist meine Tochter die schönste der Welt. Ich würde ihr liebend gerne etwas zum Anziehen kaufen, aber ich darf nicht. Maria hat nämlich einen sehr ausgeprägten Geschmack, und sie ist sicher, dass ich keine Ahnung davon habe. Außerdem macht ihr das Einkaufen unglaublich viel Spaß. Allerdings dauert es lange. Die T-Shirts, Hosen und Röcke müssen ihr nämlich hundertprozentig gefallen. Denn sie hat einen sehr speziellen Geschmack …

Noch schwieriger als der Einkauf von Klamotten ist die Auswahl von Schmuck. Hier ist ihre Vorstellung von Schönheit mit dem Angebot – und ihrem Geldbeutel – nur selten in Einklang zu bringen. Ringe gehen noch. Aber eine Halskette ist eine echte Herausforderung. Maria sucht ewig, und lieber kauft sie nichts als etwas, was ihr nicht perfekt steht. Aber wenn sie dann eine Kette gefunden hat, sie anlegt und sie mir zeigt – was nicht selbstverständlich ist –, dann passt die Kette wirklich perfekt.

Natürlich sieht das so gut aus, weil meine Tochter so schön ist. Finde ich. Aber es gibt noch einen anderen Grund – einen mathematischen, nämlich die elegante Form, die eine Kette automatisch annimmt: Sie liegt am Nacken an und fällt dann auf beiden Seiten nach unten. Zunächst senkrecht, bleibt dann noch eine Weile ganz steil und schließt sich erst unten zu einem schwungvollen Bogen.

Mathematiker stellen sich eine solche »Kettenlinie«

meist ohne meine Tochter vor: Eine Kette wird an zwei Punkten aufgehängt – das sind die beiden Seiten des Halses – und hängt ansonsten frei, sie liegt also nicht auf. Insofern ist die Form, die eine Halskette bildet, nur annähernd eine mathematisch vollkommene Kettenlinie.

In unserer Umwelt können wir Kettenlinien an verschiedenen Stellen sehen: Leitungsdrähte, die zwischen Strommasten verlaufen, bilden Kettenlinien, genauso wie ein Hüpfseil. Selbst eine Brücke formt eine, kaum merkliche, Kettenlinie. (Hängebrücken und Brücken, die an vielen Punkten unterstützt werden, haben eine leicht andere Form.)

Wir sehen: Kettenlinien sind mal flacher und mal steiler, je nachdem, wie weit die beiden Aufhängepunkte voneinander entfernt sind. Das Interessante aber ist, dass es im Grunde nur eine einzige Kettenlinie gibt. Es gibt zwar große und kleine, und wir sehen im Allgemeinen verschiedene Ausschnitte. Aber: Die Kurve, die ein Leitungsdraht bildet, erhalte ich auch, wenn ich einen Ausschnitt der Halskette meiner Tochter entsprechend vergrößere.

Das ist so wie bei Quadraten. Es gibt nur eine Sorte von Quadraten; Mathematiker sagen dazu: Je zwei Quadrate sind einander ähnlich. Rechtecke gibt es dagegen in verschiedenen Gestalten: Ein langes schmales und ein kurzes dickes sind sich auch mathematisch gesehen unähnlich.

Genauso wie je zwei Quadrate sind sich auch je zwei Kettenlinien ähnlich. Es gibt nur eine Gestalt, die sich klein oder groß zeigen kann.

Man könnte auf den Gedanken kommen, dass eine Kettenlinie eine Parabel ist. Der Gedanke liegt nahe, er ist aber nicht richtig. Zwar kann man eine Kettenlinie im Scheitel durch eine Parabel annähern, aber die Kettenlinie steigt stärker an als die Parabel. Letztlich wächst die Kettenlinie exponentiell, also viel, viel stärker als eine Parabel.

Dies und die formelmäßige Beschreibung einer Kettenlinie haben im Jahre 1690 die Herren Gottfried Wilhelm Leibniz, Christiaan Huygens, Johann und Jakob Bernoulli – lauter Heroen der frühen Infinitesimalrechnung – in einer Art Wettbewerb untereinander herausgefunden. Sie kannten keine Stromleitungen, keine freitragenden Brücken, und sie kannten auch nicht meine Tochter Maria. Trotzdem haben sie schon vorausgeahnt, was allen dreien gemeinsam ist.

15 Schönbild-seher

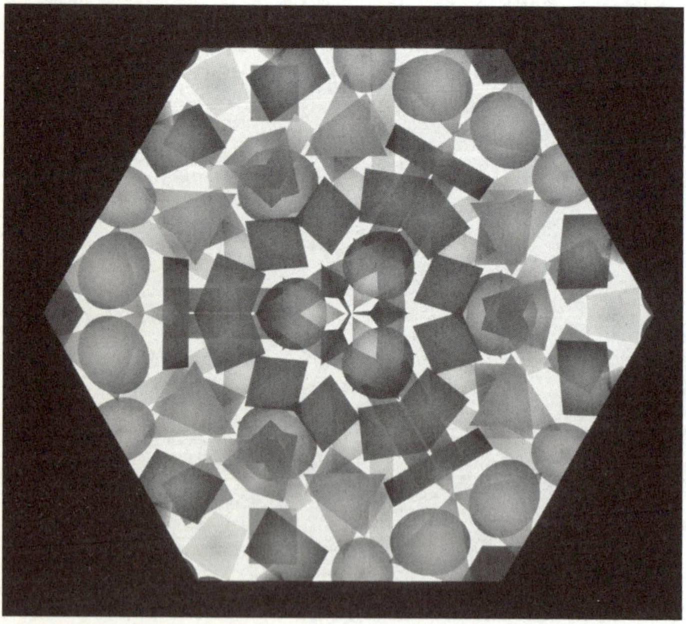

Kinderkram – aber ein schöner. Und wenn man sich die Technik hinter der bunten Welt eines Kaleidoskops anschaut, wird es auch für Erwachsene spannend. Dieses Muster kann man schon mit zwei Spiegeln erzeugen.

Das ist doch Kinderkram – diese beklebten Pappröhren. Es ist schon lange her, als Sie das letzte Mal durch so ein Ding geschaut haben. Erinnern Sie sich noch daran, was Sie gesehen haben? Viele Farben? Ein Muster? Und wenn Sie das Rohr drehten, veränderte sich das Bild?

Das ist richtig. Aber nur ein Bruchteil der Wahrheit. Schon wenn man ein solches »Kaleidoskop«, ohne zu drehen, gegen das Licht hält, wundert man sich, dass die Glas- oder Kunststoffperlen ein viel größeres Bild ergeben als die Öffnung der Röhre. Und wenn man das Kaleidoskop langsam dreht, bewegen sich die Perlen nicht irgendwie, sondern bilden ein Muster. Die äußeren Bereiche wandern synchron mit den inneren, sie hängen quasi ferngesteuert zusammen. Wenn man ganz genau hinschaut, erkennt man folgenden Effekt: Wenn die Glasperlen beim Drehen umkippen, dann purzeln manche im Uhrzeigersinn und manche entgegengesetzt.

Ein Kinderspielzeug? Natürlich. Aber wir Erwachsenen wollen wissen, wie das funktioniert. »Kaleidoskop« ist ein griechisches Kunstwort, das »Schönbildseher« bedeutet. Es ist eines der wenigen mathematisch-physikalischen Experimente, das urheberrechtlich geschützt ist. Der schottische Physiker David Brewster erhielt am 10. Juli 1817 ein Patent auf dieses Spielzeug. Im Jahre 1819 verfasste er einen Traktat mit dem Titel *Treatise on the Kaleidoscope* und machte seine Bildröhre damit populär.

Was ist an diesem Schönbildseher patentwürdig? Wie bei jedem Patent muss es erstens ein Problem geben und dieses zweitens technisch gelöst werden. Das Problem war die Erzeugung schöner Muster, und gelöst wurde es durch den Einsatz von Spiegeln.

Im Innern eines Kaleidoskops befinden sich nämlich nicht nur bunte Glas- oder Kunststoffperlen. Diese würden keinen schönen Anblick bieten, jedenfalls kein Muster. Dieses wird erst durch drei Spiegel erzeugt – und zwar vollautomatisch. Die Spiegel sind so angeordnet, dass sie im Querschnitt ein gleichseitiges Dreieck bilden. Ganz vorn wird das Kaleidoskop durch zwei Milchglasscheiben begrenzt, zwischen denen sich die Perlen befinden.

Warum erzeugen diese Spiegel so schöne Muster? Stellen wir uns zunächst nur eine Perle vor. Diese wird in allen drei Spiegeln gespiegelt – im ersten, im zweiten und im dritten. Aber auch das Spiegelbild der Perle im ersten Spiegel wird im zweiten und im dritten Spiegel gespiegelt. Entsprechendes passiert auch mit den Spiegelbildern des zweiten und dritten Spiegels. Nun werden aber auch diese »Spiegelbilder zweiter Art« wieder gespiegelt. Und so weiter und so weiter. Insgesamt ergibt sich ein unendliches Muster. In einem Kaleidoskop befindet sich natürlich nicht nur eine, sondern eine ganze Menge von Perlen, die eine völlig zufällige Anordnung haben. Durch das Spiegeln entsteht eine Struktur. Ganz von allein ergibt sich ein schönes Bild. Und die Faszination erklärt sich aus der Verbindung von Zufall und Ordnung.

Wenn Sie das nächste Mal durch ein Kaleidoskop schauen, konzentrieren Sie Ihren Blick einmal nicht auf die Farben des Bildes, sondern auf dessen Struktur. Sie werden ein Muster aus lauter gleichseitigen Dreiecken erkennen. Jedes Dreieck, das außen zu sehen ist, ist das Spiegelbild des angrenzenden inneren Dreiecks.

Sie merken: Man kann verstehen, was in einem solchen Schönbildseher passiert. Aber dadurch verliert das Kaleidoskop keineswegs seinen Zauber.

Verräterische Linien

16

Die Sicherheitsbehörden wünschen sich den Fingerabdruck im Pass, denn er ist unverwechselbar.

Aus Ihrer Hand, vor allem aus Ihren Handlinien kann man Ihren Charakter, Ihre Vergangenheit und Ihre Zukunft lesen. Jedenfalls gibt es Menschen, die das behaupten. Kaum zu glauben – und vielleicht sind auch Sie der Meinung, dass das Hokuspokus ist.

Ich will viel weniger von Ihnen. Nicht Ihre ganze Hand, sondern nur einen Finger, und von diesem will ich nur einen Abdruck nehmen. Nicht weil ich Sie für einen Verbrecher halte. Im Gegenteil: Aus Ihrem Fingerabdruck kann ich nichts ablesen. Ich kann weder Ihre Vergangenheit rekonstruieren noch Ihre Zukunft prognostizieren und schon gar nicht Ihren Charakter ergründen. Will ich auch gar nicht.

Ihr Fingerabdruck dient nur dazu, Sie von allen anderen Menschen zu unterscheiden. Denn es gibt keine zwei Menschen mit dem gleichen Fingerabdruck. Sogar eineiige Zwillinge unterscheiden sich in diesem Detail. Etwas vorsichtiger gesagt: Man schätzt die Wahrscheinlichkeit, bei zwei verschiedenen Personen den gleichen Fingerabdruck zu finden, auf etwa eins zu einer Milliarde.

In Wirklichkeit geht es bei der Erfassung des Fingerabdrucks aber nicht um den ganzen Finger, auch nicht um die ganze Fingerkuppe, sondern um die Papillaren, die Fingerlinien. Eigentlich nicht einmal darum, sondern nur um die Linienenden und Verzweigungspunkte der Papillaren, die so genannten Minuzien. Und von diesen Minuzien brauchen wir auch nicht alle, sondern es reichen ganze 20, um einen Menschen eindeutig identifizieren zu können.

Ein Wunder, dass das funktioniert. Und es ist klar, dass dieser magere Extrakt Ihres Fingerabdrucks keine essentiellen Informationen über Sie enthalten kann.

Der Fingerabdruck ist ein Beispiel für die so genannten biometrischen Verfahren zur Bestimmung der Identität. Man kann eine Person an vielen Erscheinungen festmachen: Ich erkenne meine Frau an ihrem Aussehen, an ihrer Stimme, an ihrem Gang. Technisch brauchbare Erkennungsmerkmale sind neben dem altbekannten Fingerabdruck Stimm- und Gesichtserkennung sowie die Messung des Augenhintergrunds.

Die Bedeutung biometrischer Verfahren ist seit dem 11. September 2001 dramatisch angewachsen. Der Grund ist klar: Bei einem Ausweis mit Fingerabdruck kann zweifelsfrei nachgewiesen werden, ob er zu der Person gehört, die ihn vorlegt, oder nicht. Ein Ausweis mit Fingerabdruck bedeutet eine neue Dimension von Fälschungssicherheit. Kurz: Der Fingerabdruck meiner Frau gibt ihre Identität viel besser wieder als ihr Passfoto. Verraten Sie ihr das bitte nicht!

Natürlich gibt es auch Argumente gegen eine Integration des Fingerabdrucks im Ausweis: Da Sie Ihren Fingerabdruck praktisch überall hinterlassen, wo Sie sich aufhalten, könnte man mit vergleichsweise geringem Aufwand eine Bewegungsspur von Ihnen erstellen.

Jeder EU-Reisepass, der seit November 2005 ausgestellt wurde, enthält ein digitalisiertes Lichtbild. Ab November 2007 ist jeder deutsche Reisepass auch mit zwei Fingerabdrücken seines Besitzers ausgestattet.

17 Griechische Kartenhäuser

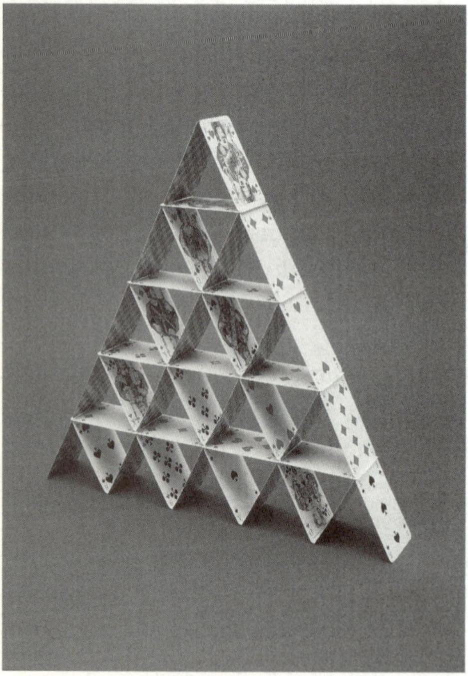

Wenn für antikes Bier Pappuntersetzer üblich gewesen wären, hätten sich auch die alten Griechen mit der Formel für Kartenhäuser beschäftigt – die Mathematik dazu kannten sie jedenfalls.

Auch als unsere Kinder noch klein waren, haben wir ab und zu gewagt, ein Restaurant zu besuchen. Ich glaubte jedes Mal, dass das auch für die Kinder etwas Schönes sein müsse. In den ersten Minuten konnte ich an meinem Glauben festhalten: Die Auswahl des Tisches, das Aussuchen der Getränke und Speisen und der erste Besuch der Toilette sorgten für Abwechslung. Aber spätestens wenn das erste Glas Limo verschüttet war, wurde die Lage kritisch.

Auf solche Situationen müssen die Eltern vorbereitet sein. Wenn genügend Bierdeckel auf dem Tisch sind, bietet sich der Bau eines »Kartenhauses« an. Zwei Bierdeckel schräg aneinanderzustellen, ist noch einfach. Aber schon ein zweigeschossiges Kartenhaus bedarf der Konzentration. Man stellt zunächst zweimal zwei Karten schräg aneinander, legt einen waagrechten Bierdeckel als Dach darüber und türmt dann – vorsichtig – noch einmal zwei Karten auf.

Ob das Kartenhaus stabil ist, hängt auch von der Unterlage ab: Auf einem glatten Tisch rutscht das Ganze leicht weg. Auf einem Tischtuch hält das Kartenhaus viel besser, aber wenn mein Sohn Christoph sich rüberbeugt, um einen Bierdeckel zu grapschen, verzieht sich das Tischtuch – und man hat Glück, wenn nur das Kartenhaus einfällt.

Ich kann Christoph verstehen, wenn er sich die letzten Bierdeckel sichert, denn diese gehen schnell zur Neige. Schon sieben Pappen sind verbraucht. Wie viele brauchen wir, um ein dreistöckiges Kartenhaus zu bauen? Christoph und Maria raffen alle erreichbaren Bierfilze zusammen, und spätestens jetzt lernen auch die Gäste an den Nachbartischen unsere Kinder kennen.

Ich bin nicht gut im Kartenhausbauen, daher überlege ich, wie viele Bierdeckel wir brauchen werden. Ich stelle mir vor, dass das zweistöckige Bierdeckelhaus die oberen beiden Stockwerke des neuen bildet. Das »untergeschobene« Erdgeschoss besteht dann aus dreimal zwei aneinandergelehnten Karten und den zwei waagrechten Pappen als oberen Abschluss. Es kommen also acht Karten hinzu, und wir brauchen insgesamt 15.

»Wie viele Bierdeckel brauchen wir für ein vierstöckiges Haus?« Offenbar habe ich die Frage laut gestellt, denn Maria antwortet mit der Sicherheit derer, die es weiß: »Du schaffst ja nicht mal ein dreistöckiges! Aber du könntest uns ein bisschen helfen!« Christoph protestiert: »Bloß nicht, sonst schaffen wir das nie!«

Trotzdem frage ich mich, wie viele Karten man für vier Stockwerke … Klar: wir heben – in Gedanken – das dreistöckige Kartenhaus hoch und bauen ein neues Erdgeschoss darunter: 4 mal 2 Karten plus 3 Deckenkarten, also 11 zusätzliche Karten, ergibt insgesamt 26.

Und wie geht's weiter, wie heißt die nächste Zahl? Die nächste Zahl wäre 40. Gibt es auch eine allgemeine Formel? Ja. Für ein Kartenhaus mit s Stockwerken braucht man genau $s(3s + 1) : 2$ Bierdeckel. Für ein Kartenhaus mit 10 Stockwerken also 10 mal 31 geteilt durch 2, also 155 Bierdeckel.

Solche Zahlenfolgen haben eine uralte Tradition. Schon die Griechen haben vor 2500 Jahren die so genannten »figurierten« Zahlen studiert: Zum Beispiel Quadratzahlen, also Zahlen, die entstehen, wenn man ein Quadrat auslegt. Oder Dreieckszahlen, 1, 3, 6, 10 …, die entstehen, wenn man ein Dreieck systematisch auslegt. Ich bin überzeugt, dass die Griechen auch die Kartenhauszahlen 2, 7, 15, 26 ... studiert hätten – wenn es damals schon Bierdeckel gegeben hätte!

»Papa, schau doch!«, ruft Maria. Und tatsächlich: Meine Kinder haben ein Kartenhaus gebaut. Mit vier Stockwerken. Das ist eine echte Leistung. Ich bin vor allem begeistert von ihrer Kooperation und lobe sie gebührend. Dass sie dazu genau 26 Bierdeckel gebraucht haben, keinen mehr und keinen weniger, und dass die alten Griechen im Prinzip ähnliche Zahlenfolgen behandelt haben – das zu erzählen, bleibt mir und ihnen erspart. Denn jetzt kommt der Kellner und bringt die unvermeidlichen Schnitzel und Pommes.

18 Ellipsen in der Bar

Der Platz vor dem Petersdom in Rom ist für gewaltige Menschenmengen konzipiert – dank seiner Ellipsenform wirkt er dennoch nicht einschüchternd, sondern elegant.

Ostern ist Hochsaison im Vatikan. Hunderttausende von Gläubigen pilgern nach Rom, um dabei zu sein, wenn der Papst seinen Segen »urbi et orbi« den zigtausenden Gläubigen spendet, die sich im großen Rund des Platzes vor dem Petersdom versammelt haben.

Der Petersplatz wurde von Gian Lorenzo Bernini 1656 so geplant, dass er eine riesige Menge Menschen aufnehmen kann. Dabei wirkt er zwar erhaben und erhebend, aber nicht erdrückend. Das liegt unter anderem an seiner Form. Er ist kein Quadrat mit klarem Rechts und Links, Vorne und Hinten. Er rundet sich auch nicht zum Kreis, der ganz gleichmäßig ist, sondern er weitet sich zu einer Ellipse – ebenfalls von edelstem Rund. Die Ellipse ist eine schön ausbalancierte Form: rechts und links, oben und unten jeweils gleich gekrümmt. Keine Ecken und Kanten, aber breiter als hoch. Denn an normalen Tagen ist es die Aufgabe des Platzes, die Menschen zum Petersdom zu führen.

Man erkennt einen weiteren Trick des Architekten: Der Platz führt nicht in Längsrichtung auf den Petersdom zu. Vielmehr weitet er sich zunächst in Querrichtung, um dann umso deutlicher auf den Petersdom hinzuführen.

Nach dem Segen haben die meisten Gläubigen vermutlich auch weltliche Bedürfnisse. Sie suchen eine der vielen Trattorien in der Umgebung auf und essen dort zu Mittag. Vorher nehmen sie wahrscheinlich in einer der noch zahlreicheren Bars einen Aperitif zu sich. Die

Pilgerin wird vielleicht ihr zylinderförmiges Glas mit Orangensaft nach den ersten Schlucken schräg vor sich halten, ihr Begleiter seinen Spumante aus einem kegelförmigen Glas »kippen«.

Beide sehen, dass die Oberfläche ihres Getränks nicht mehr kreisförmig ist, sondern irgendwie oval. Vielleicht erinnert sie das an die Form des Petersplatzes. Tatsächlich handelt es sich mathematisch gesehen jedes Mal um das gleiche Phänomen: eine Ellipse.

Die Ellipse in der Bar kann geradezu als mathematische Definition dieser geometrischen Form angesehen werden. Ellipsen sind so genannte Kegelschnitte. Das bedeutet: Man erhält eine Ellipse, wenn man einen Kegel geradlinig durchschneidet.

Nun werden wir ein schönes kegelförmiges Sektglas nicht durchschneiden. Aber der gleiche Effekt entsteht, wenn man das Glas schräg hält und den Flüssigkeitsspiegel betrachtet. Die Oberfläche des Spumante bildet eine Ellipse.

Warum ist auch die Oberfläche der »aranciata« in dem zylinderförmigen Glas eine Ellipse? Das liegt daran, dass ein Zylinder der Grenzfall eines Kegels ist: Wenn wir – gedanklich – die Spitze des Kegels immer weiter wegziehen, dann wird der Kegel immer spitzer, seine Außenfläche immer steiler, immer zylinderförmiger. Im Grenzfall, wenn die Spitze »im Unendlichen« liegt, erhalten wir einen Zylinder.

Übrigens: Wenn Sie sich ein schräg gehaltenes Sektglas genau ansehen, könnten Sie vielleicht auf die Idee kommen, dass die entstehende Fläche gar keine Ellipse, sondern eher eiförmig ist – unten spitzer und oben flacher. Wenn Sie das glauben, sind Sie in bester Gesellschaft. Selbst der große Albrecht Dürer, dem man mangelnde Raumvorstellung nicht vorwerfen kann, war dieser

Ansicht. Er hat sogar Konstruktionszeichnungen angefertigt, mit denen scheinbar die Eiform eines Kegelschnitts bewiesen wurde.

Aber hier irrte Dürer. Das schräg gestellte Sektglas liefert wirklich eine Ellipse, also eine Kurve, die nicht nur oben und unten, sondern auch rechts und links gleich aussieht, eine Kurve mit zwei Symmetrieachsen.

19 Die Leichtigkeit des Wurzelziehens

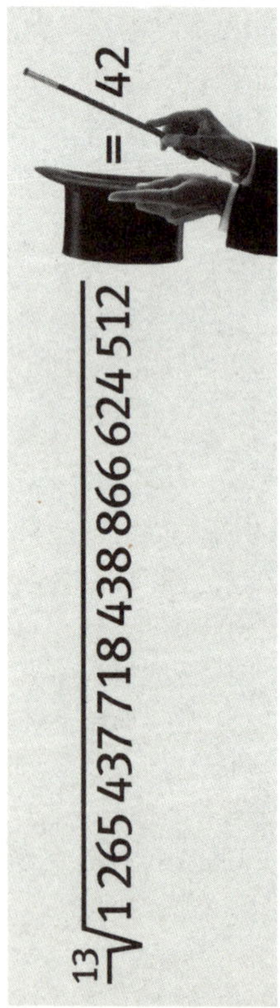

Ein Kaninchen aus dem Zylinder zu zaubern ist schwieriger als die 13. Wurzel aus einer Monsterzahl zu ziehen. Eine Fünf-Minuten-Nachhilfe unseres Mathe-Professors.

Was ist die 13. Wurzel aus 1 265 437 718 438 866 624 512? Wie bitte? Diese Megazahl? Man muss sich ja schon anstrengen, um auch nur die Zahl ihrer Stellen zu zählen!

Sie wissen nicht, wie man die 13. Wurzel bestimmt? Sie glauben, das könne man unmöglich ausrechnen? Sie meinen, damit könnten Sie bei »Wetten, dass ...« auftreten?

Vielleicht. Aber dazu bräuchten Sie keine übernatürlichen Kräfte und keine supranaturalen Einsichten, sondern nur ein bisschen Mathematik. Zuerst ein einfacheres Problem: 5. Wurzel aus 1 350 125 107. Die 5. Wurzel aus einer Milliarde 350 Millionen 125-tausend und 107. Eine riesige Zahl. Aber ich verspreche Ihnen: In spätestens fünf Minuten können auch Sie dieses Problem lösen!

Was ist denn die 5. Wurzel? Na ja, die Zahl, die 5-mal mit sich selbst multipliziert 1 350 125 107 ergibt. Zum Beispiel ist die 5. Wurzel aus 32 gleich 2, denn $2 \cdot 2 \cdot 2 \cdot 2 \cdot 2 = 32$. Man schreibt dafür auch kurz $2^5 = 32$. Entsprechend ist die 5. Wurzel aus 243 gleich 3, denn $3^5 = 243$.

Nun also 5. Wurzel aus 1 350 125 107. Der erste Trick besteht darin, die Einerziffer der Wurzel, also des Ergebnisses zu bestimmen. Das ist ganz einfach: Es ist die Zahl 7. Das liegt daran, dass sich beim Potenzieren mit 5 die Einerziffer nicht ändert: Bei jeder Zahl x haben x und x^5 dieselbe Einerziffer. Wenn die Zahl x die Einerziffer 3 hat, dann hat auch x^5 die Einerziffer 3. Natürlich ändert sich beim Potenzieren viel, insbesondere die Größe der

Zahl. Aber beim Potenzieren mit 5 ändert sich die Einerziffer nicht.

Man muss also nur die Einerziffer der Zahl anschauen, aus der die 5. Wurzel gezogen werden soll. Dies ist dann auch die Einerziffer der 5. Wurzel! In unserem Fall ist die Einerziffer also 7. Die Hälfte des Problems ist bereits gelöst!

Jetzt müssen wir also noch die Zehnerziffer bestimmen. Man könnte natürlich einfach die Zahlen 7^5, 17^5, 27^5 usw. ausrechnen. Aber es geht noch einen Tick eleganter: Man kann einfach abschätzen, zwischen welchen Zehnerzahlen die Wurzel liegen muss. Zum Beispiel ist $40^5 = 102\,400\,000$, und diese Zahl ist kleiner als unsere Zahl. Also muss die Wurzel größer als 40 sein. Da $60^5 = 777\,600\,000$ immer noch kleiner als die Ausgangszahl ist, ist die Wurzel auch größer als 60. Weil gilt: $70^5 = 1\,680\,700\,000 > 1\,350\,125\,107$, ist die Wurzel kleiner als 70. Also muss die Wurzel die Zahl 67 sein. So einfach ist das.

Und wie steht es nun mit der 13. Wurzel aus der Megazahl? Zunächst zur Einerziffer. Bei »hoch 13« funktioniert der gleiche Trick wie bei »hoch 5«. Das gilt allgemein: Beim Potenzieren mit 5, 9, 13, 17 … ändert sich die Einerziffer nicht. Das hat in noch viel allgemeineren Zusammenhängen der Schweizer Mathematiker Leonhard Euler herausgefunden. Man nennt diese Tatsache daher auch den Satz von Euler – obwohl dieser außerordentlich fruchtbare Mathematiker tausende von Sätzen bewiesen hat.

Übrigens: Auch bei anderen Potenzen (zum Beispiel hoch 3, hoch 7, hoch 1000) gibt es eine feste Zuordnung der Einerziffern, diese ist nur ein bisschen schwieriger zu merken als beim Potenzieren mit 13.

Wie lautet also die 13. Wurzel aus der Megazahl? Sie

brauchen diese Zahl nicht einmal genau zu lesen, nur die letzte Ziffer anzuschauen, und Sie wissen: Die Einerziffer der 13. Wurzel ist 2.

Und die Zehnerziffer? Dazu muss man wieder die Größenordnungen bestimmen, mit anderen Worten: Man muss die Potenzen 10^{13}, 20^{13}, 30^{13} usw. ausrechnen. 40^{13} ist 671 088 640 000 000 000 000, eine Zahl mit 21 Stellen. Da die Megazahl 22 Stellen hat, muss die Wurzel also größer als 40 sein. Andererseits hat 50^{13} schon 23 Stellen. Daraus schließen Sie, dass die 13. Wurzel der Megazahl zwischen 40 und 50 liegt. Also ist sie 42!

Lassen Sie sich in Zukunft nichts vormachen. Zugegeben, viele Kunststücke sind unglaublich schwierig: Kaninchen aus dem Hut zaubern, Jungfrauen zersägen, die Freiheitsstatue verschwinden lassen. Wurzelziehen ist es nicht. Man braucht nur ein bisschen Gedächtnis, um über die Größenordnung die Zehnerziffer rauszubekommen, und ein bisschen Mathematik für die Einerziffer.

20 Fingerspiele

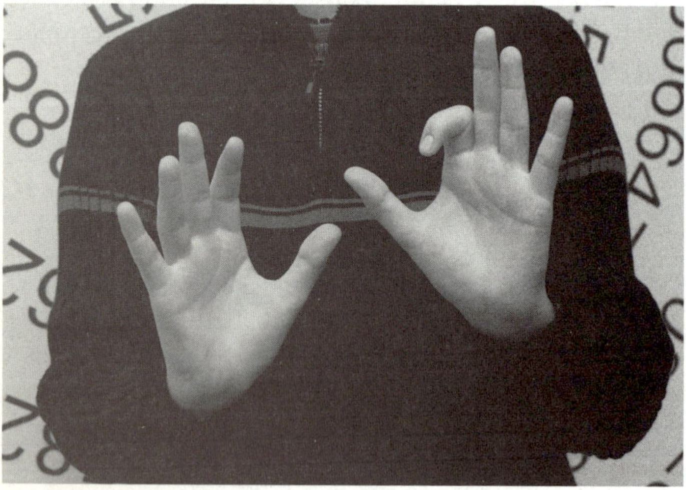

Unsere zehn Finger sind eine kurzweilige Rechenmaschine.
Die Person auf unserem Bild hat keinen amputierten Zeigefinger an der linken Hand, sondern errechnet gerade, wie viel 4 mal 9 ist.
Sie sieht zur Linken des abgeknickten Fingers 3,
zur Rechten 6 Finger – das ergibt die Zahl 36.

In meiner Schulzeit war streng verboten, mit den Fingern zu rechnen. Wehe, wenn die Lehrerin sah, dass ich mir den Übertrag bei einer Additionsaufgabe (»behalte 2«) merkte, indem ich die entsprechende Anzahl von Fingern ausstreckte. Das gab einen strengen Verweis. Warum das falsch sein soll, ist mir allerdings bis heute nicht klar geworden.

Man kann nämlich mit den Fingern wunderbar rechnen. Natürlich ist es langweilig, die Finger nur als Speichermedium für den Übertrag zu benutzen. Ich verrate Ihnen zwei Rechentricks, mit denen Sie bei jeder Party Eindruck schinden können. Beide Tricks zeigen, dass unsere zehn Finger im Grunde eine perfekte Maschine zum Multiplizieren sind!

Der erste Trick behandelt die Multiplikation mit 9. Was ist 7 mal 9? Das haben Sie gelernt, und Sie wissen es. 7 mal 9 ist 63. Eine Zahl, bei der links die Ziffer 6 und rechts die 3 steht. Wenn Sie das vergessen hätten, könnten Sie es mit Ihren Fingern einfach herausbekommen: Strecken Sie alle zehn Finger nach oben. Dann zählen Sie von links nach rechts bis zu der Zahl, mit der Sie 9 multiplizieren wollen. In unserem Beispiel ist das die 7. Sie beginnen mit dem kleinen Finger der linken Hand, dann gehen Sie zum Ringfinger usw. Der 7. Finger ist der Zeigefinger Ihrer rechten Hand. Den knicken Sie nach unten.

Jetzt steht das Ergebnis vor Ihnen: Links von dem eingeknickten Finger sehen Sie 6 Finger, rechts davon 3 – und insgesamt ergibt sich die Zahl 63. Zufall? Probieren Sie's aus! 4 mal 9? Von links beginnend bis 4 zählen. Dies führt zum Zeigefinger der linken Hand. Diesen einknicken. Dann stehen links 3 Finger, rechts 6, also ist das Ergebnis 36.

Es ist klar, warum der Trick funktioniert: Beim Neuner-Einmaleins ist die Summe aus Einer- und Zehnerziffer immer 9. Genauer gesagt wird die Zehnerziffer immer um 1 größer und die Einerziffer um 1 kleiner.

Der zweite Trick, den ich Ihnen verraten will, ist etwas komplizierter und ganz anders als der erste, aber damit können Sie viel mehr Aufgaben rechnen. Nicht nur mit 9 multiplizieren, sondern auch mit 6, 7 und 8.

Nehmen wir einmal an, Sie wollten 7 mal 8 ausrechnen. Ihre linke Hand steht für den ersten Faktor, also die Zahl 7, Ihre rechte Hand für den zweiten Faktor, die 8.

Zuerst müssen Sie die erste Zahl auf 10 ergänzen: »7 und wie viel ist 10?« Klar: 7 und 3 gibt 10, also kommen 3 Finger der linken Hand nach oben. Entsprechend für den zweiten Faktor: »8 und wie viel ist 10?« Noch einfacher: 8 und 2 ist 10, also kommen 2 Finger der rechten Hand nach oben.

Nun zeigen einige Finger nach oben, andere nach unten. Die Finger, die nach unten zeigen, sind die »schweren« Finger; diese ergeben die Zehnerziffer. Bei Ihnen sind 5 Finger nach unten geklappt; dies bedeutet 50. Aus den hochgestreckten Fingern erhalten Sie die Einerziffer. Aber nicht, indem Sie die Zahlen addieren, sondern indem Sie diese multiplizieren! In unserem Fall rechnen Sie: 2 mal 3 gibt 6. Insgesamt haben Sie 50 plus 6, also 56.

Uff! Ich behaupte nicht, dass diese Methode leichter ist als die traditionelle. Aber viel lustiger. Man muss nur das »ganz kleine« Einmaleins können (Multiplikation mit 2, 3, 4 und 5) und kann sich damit das ganze Einmaleins erschließen!

Probieren Sie mal: 7 mal 7, 7 mal 9 und – für die Neunmalklugen – 6 mal 7! Viel Spaß!

Der Stau 21

Es ist ein lebendes Etwas und es ist bösartig – der Stau ist nur dafür geschaffen, den Urlaubsbeginn zu vermiesen. Wenn Sie diese Seiten gelesen haben, wissen Sie wenigstens, wie er entsteht.

Der Ärger ist vorprogrammiert. Sie haben Ihren Urlaub gut geplant. Das Auto ist gepackt, Sie haben noch einmal kontrolliert, dass Sie nichts vergessen haben. Dann schließen Sie Ihre Wohnung ab, setzen sich mit einem Stoßseufzer ins Auto und denken: »Jetzt kann der Urlaub beginnen!«

Der Urlaub beginnt. Er beginnt mit einem Stau. Unabhängig davon, wann Sie losfahren: tagsüber, in der Nacht, ja selbst wenn Sie einen halben Tag vorher fahren: Über kurz oder lang stehen Sie. Dass tausende anderer Urlaubsfahrer ihren Urlaub ebenfalls im stehenden Auto beginnen, ist ein schwacher Trost.

Nach kurzer Zeit nerven die Kinder. Nicht nur mit den legendären Fragen (»Wann sind wir endlich da?«, »Hast du was Süßes?«), sondern der Sohn argumentiert besserwisserisch: »Ich versteh nicht, warum es überhaupt einen Stau gibt. Wenn alle früher fahren würden, gäb es gar keinen Stau!«

Aber das ist nicht die Lösung des Ärgernisses. Staus sind ein wirkliches Problem. Und zwar nicht nur in der Praxis, sondern auch für die Theorie. Man hat verschiedene Modelle zur Beschreibung des Verkehrsflusses entwickelt und damit versucht, die Staubildung zu verstehen.

Der erste Ansatz besteht darin, den Verkehr global zu betrachten und ihn so zu beschreiben, als wäre er ein fließendes Granulat. Eine andere Modellierung geht von den einzelnen Fahrzeugen aus und versucht zu beschreiben, wie sich das Verhalten eines Fahrzeugs in Abhängigkeit von den anderen Fahrzeugen ändert. Man hat bei diesen Untersuchungen immerhin herausgefunden, dass der entscheidende Parameter für einen Stau die Geschwindigkeitsänderung des Vordermanns ist.

Heute beschreibt man den Verkehrsfluss auch durch »zellulare Automaten«. Jedes Kraftfahrzeug wird durch eine »Zelle« repräsentiert, deren Verhalten durch einfache Regeln bestimmt ist: Sie fährt so schnell wie möglich, darf aber keiner anderen Zelle in die Quere kommen. Zusätzlich werden die Zellen noch mit zufälligen Eigenschaften versehen, etwa Trödeln oder langsames Wiederanfahren.

All diese Modelle dienen dazu, die Staubildung zu verstehen und Staus vorherzusagen. Sie merken aber: Keines der Modelle geht davon aus, dass in den Autos intelligente Wesen sitzen.

Warum entsteht denn nun ein Stau? Stellen wir uns zunächst eine Flüssigkeit vor, die durch ein Rohr strömt. Wenn sich der Querschnitt des Rohrs halbiert, fließt die Flüssigkeit im dünneren Rohr doppelt so schnell – damit eben kein Stau entsteht.

Im Kraftfahrzeugverkehr ist das ganz anders: Wenn von einer zweispurigen Straße eine Spur gesperrt ist, dann müsste der Verkehr eigentlich doppelt so schnell werden, aber in Wirklichkeit verlangsamt er sich – aus gutem Grunde. Und so entsteht ein Stau.

Das ist das Grundprinzip: Jede kleine Verlangsamung wirkt in gewissem Maße so wie die Sperrung einer Fahrbahn. Ob das ein Unfall, ein langsam fahrendes Fahrzeug, eine kurvige Streckenführung oder auch der Blick des Fahrers in die Landschaft ist – alles führt zu einer lokalen Verzögerung und damit zu einem globalen Stau. Der Stau aus dem Nichts kommt bei hohem Verkehrsaufkommen durch kleinste Schwankungen der Geschwindigkeit der einzelnen Fahrzeuge zustande.

Übrigens: Ein Stau ist nicht ortsfest, sondern er bewegt sich, und zwar nach hinten: Er kommt Ihnen ungefähr mit 15 Stundenkilometern entgegen! Auch zu Beginn Ihres nächsten Urlaubs.

22 Bitte ein Bit!

Wenn Verliebte ihr Schicksal durch Blütenblattzupfen ergründen wollen, ist das im Grunde nichts als schnödes Bitrechnen.

»Sie liebt mich, liebt mich nicht, liebt mich, liebt mich nicht …« Manchmal – so meint man als Beteiligter – geht es dabei um Leben oder Tod. Und wie die meisten Fragen des Lebens kann auch diese mit einem einzigen Bit beantwortet werden: Ja oder nein, Blütenblatt da oder weg, Sein oder Nichtsein. Etwas nüchterner: plus oder minus, gerade oder ungerade, 0 oder 1.

Die Eigenschaften dieser Zweiheiten, insbesondere ihre mathematischen Seiten, sind schon lange erforscht.

Den Anfang machten die Pythagoreer ca. 500 v. Chr. Sie untersuchten Zahlen. Genauer: Sie untersuchten Eigenschaften von Zahlen. Noch genauer: Sie untersuchten Beziehungen zwischen diesen Eigenschaften. Zum Beispiel definierten sie »gerade« und »ungerade«: Eine Zahl ist gerade, wenn sie durch 2 ohne Rest teilbar ist, andernfalls ist sie ungerade. Eine ungerade Zahl lässt beim Teilen durch 2 den Rest 1. Die Pythagoreer entdeckten Eigenschaften von »gerade« und »ungerade« und brachten diese in Beziehung zueinander:

- Wenn man zu einer geraden Zahl 1 addiert, erhält man eine ungerade Zahl (»gerade plus 1 ist ungerade«).
- Ungerade plus 1 ist gerade.
- Gerade plus gerade ist gerade.
- Gerade plus ungerade ist ungerade.
- Ungerade plus ungerade ist gerade.

Wenn man »gerade« durch die Zahl 0 und »ungerade« durch 1 abkürzt, dann kann man die drei letzten Beziehungen ganz kurz schreiben: $0 + 0 = 0$, $0 + 1 = 1$ und, gar nicht mehr überraschend, $1 + 1 = 0$.

Aber eigentlich hat erst Gottfried Wilhelm Leibniz (1646–1716) die Power der Bits (»binary digits«, Ziffern für das Binärsystem) entdeckt. Er erkannte, dass man mit Bits nicht nur zwei Zustände beschreiben kann, sondern dass man mit ihnen alle Zahlen darstellen kann. Die Reihe der natürlichen Zahlen beginnt in binärer Schreibweise so: 0, 1, 10, 11, 100, 101, 110, 111, 1000, 1001, 1010 …

Warum? Betrachten wir zum Beispiel die Binärzahl 1101. Die letzte Ziffer ist die Einerziffer, diese zeigt an, wie oft der Summand 2^0 (= 1) genommen wird. Im Binärsystem gibt es nur zwei Möglichkeiten: einmal oder keinmal. In unserem Beispiel steht hier die Ziffer 1 – das bedeutet: Einmal. Die vorletzte Ziffer zeigt an, wie oft der Summand 2^1 (= 2) gezählt wird: 0-mal oder 1-mal. In unserem Fall 0-mal. Und so weiter: Die vorvorletzte Ziffer gibt an, wie oft 2^2 (= 4) gezählt wird, und die vorvorvorletzte (das ist in unserem Fall diejenige, die am weitesten links steht) zeigt an, wie oft 2^3 (= 8) gezählt wird.

Wenn wir von links nach rechts lesen, können wir die Binärzahl 1101 deuten:

$$1 \cdot 2^3 + 1 \cdot 2^2 + 0 \cdot 2^1 + 1 \cdot 2^0 = 1 \cdot 8 + 1 \cdot 4 + 0 \cdot 2 + 1 \cdot 1 = 13.$$

Für Leibniz war das Binärsystem eine göttliche Offenbarung, »weil die leere Tiefe und Finsternis zu Null und Nichts, aber der Geist Gottes mit seinem Lichte zum Allmächtigen zu Eins gehört«. Gott hat die Welt in sieben Tagen geschaffen; diese Zahl wird in binärer Schreibweise als 111 dargestellt: drei göttliche Einsen ohne eine teuflische Null! Etwas nüchterner und mathematisch wichtiger erkannte Leibniz: »Das Addieren von Zahlen ist bei dieser Methode so leicht, dass diese nicht schneller diktiert als addiert werden können.«

23 Wie die Orgelpfeifen

Die Länge macht's: Die längsten Orgelpfeifen haben den tiefsten Ton – aber nur den einen. Will der Organist den Klang variieren, muss er die Register ziehen – bis zu 20 bei einer mittleren Orgel mit 1000 Pfeifen.

Die Königin der Instrumente – so heißt die Orgel zu Recht. Schon von außen sieht eine Orgel majestätisch aus: Pfeifen in unterschiedlicher Größe, systematisch aufgereiht. Und wenn sie gespielt wird, entfaltet die Orgel ihre ganze Pracht – ein Gesamtkunstwerk.

Die Orgel ist in der Tat ein ganz besonderes Instrument, nein: Ein ganzes Orchester mit vielen Instrumenten. Und jedes einzelne Instrument – das man bei der Orgel »Register« nennt – besteht noch einmal aus einer Menge von vielen Instrumenten. Denn für jeden einzelnen Ton hat die Orgel eine Pfeife. Jede Pfeife ist ein Instrument, allerdings ein primitives: Es kann nur einen einzigen Ton in nur einer Klangfarbe spielen. Aber dafür gibt es ganz viele Pfeifen.

Wenn nur ein Register gezogen wird, dann entspricht jeder Taste eine Pfeife. In jedem Register gibt es also so viele Pfeifen wie Tasten auf der Tastatur. Da eine Orgeltastatur in der Regel viereinhalb Oktaven umfasst, sind dies 56 Tasten – für jedes Register. Eine mittlere Orgel mit 20 Registern hat also locker mehr als 1000 Pfeifen.

Mit den verschiedenen Registern realisiert der Organist unterschiedliche Klangfarben: den typischen »metallischen« Orgelklang oder einen zarten Flötenklang und so weiter. Der Spieler kann aber auch verschiedene Tonhöhen realisieren, indem er unterschiedliche Register zieht. Manche von ihnen klingen, wenn man die gleichen Tasten drückt, eine Oktave höher als andere. Sie verhalten sich zu den anderen Pfeifen wie eine Frauenstimme zu einer Männerstimme. Und es gibt Register, die eine Oktave tiefer brummeln als die normalen.

In welcher Höhe die Pfeifen klingen, kann man an der Bezeichnung für das Register ablesen. Da steht nämlich nicht nur ein Name, wie »Prinzipal« oder »Flauto«, sondern auch noch eine Zahl: 8', 4' oder 16'. Das wird »Achtfuß«, »Vierfuß« bzw. »Sechzehnfuß« gesprochen.

Damit wird die Länge der längsten Pfeife bezeichnet, also der mit dem tiefsten Ton des Registers. Bei einem 8'-Register ist diese acht Fuß, also etwa 2,40 m lang. Und wenn man eine Oktave höher kommen möchte, muss man die Länge halbieren: Von 8' zu 4'. Wenn man noch eine Oktave höher will, muss man die Länge noch einmal halbieren: 2'. Es gibt sogar 1'-Register. Spielt man ein solches Register alleine, piepst es in den höchsten Höhen. Kombiniert man dieses Register aber mit einem 8'-Register, ergibt sich ein ausgesprochen pfiffiger Klang.

Auch an der Reihe der Pfeifen eines Registers kann man sehen, wie die Länge der Pfeifen mit der Tonhöhe zusammenhängt: Sie beginnt mit der größten Pfeife, dann werden die Pfeifen immer kleiner. Nach zwölf Pfeifen sind alle Töne einer Oktave, das heißt zum Beispiel von c bis h, erfasst. Die 13. Pfeife ist dann der Ton, der genau eine Oktave höher als der der längsten Pfeife ist. Diese Pfeife ist halb so lang wie die erste. Bei einem 1'-Register werden die Pfeifen winzig klein; die der höchsten Töne sind nur ein paar Zentimeter groß.

Dass die Höhe eines Tons mit der Länge der Pfeife zu tun hat, ist eine alte Erkenntnis. Dies haben schon Pythagoras und seine Schüler vor etwa 2500 Jahren entdeckt. Eine Oktave entspricht dem Längenverhältnis 2:1. Eine Quinte hat das Längenverhältnis 3:2 und so weiter. Man kann jedes musikalische Intervall, jeden »Klang«, als Verhältnis von Zahlen ausdrücken. Und je reiner der Klang ist, desto einfacher das Verhältnis der Zahlen.

Diese überwältigende Einsicht führte bei den Pythagoreern zu der Erkenntnis, dass alles in der Welt durch Zahlen und einfache Verhältnisse von Zahlen zu beschreiben ist. Sie sagten radikal und überzeugt: »Alles ist Zahl!« Ob das immer und in jeder Situation stimmt, kann man bezweifeln. Aber für die Königin der Instrumente stimmt es.

24 Die Königin der Zahlen

Stein gewordener Machtanspruch eines deutschen Kaisers in Süditalien: Das Castel del Monte von Friedrich II. ist streng nach dem Muster regulärer Achtecke aufgebaut.

Haben Sie eine Lieblingszahl? Klar. Jeder hat eine. Die 3 oder die 7. Manche mögen die Zahl 5, andere lieben die 2. Ich kannte mal eine Frau, deren Lieblingszahl die 153 war. Warum, habe ich nie herausgefunden.

Jede Zahl ist etwas Besonderes. Jede hat einen individuellen Charakter. Manche Eigenschaften von Zahlen sind – aus wissenschaftlicher Sicht – zufällig, andere stehen auf solidem mathematischen Fundament. Bei den Lieblingszahlen scheinen die Primzahlen (2, 3, 5, 7 …) besonders beliebt zu sein. Ich stelle Ihnen heute eine andere Zahl vor, eine Zahl, die keine Primzahl ist, im Gegenteil, aber dennoch einen sehr ausgeprägten Charakter hat. Es ist die Zahl 8.

8 ist 2 mal 2 mal 2. Schon die Zahl 2 ist etwas Besonderes. Während die Zahl 1 einen Anfang setzt, einen Standpunkt festlegt, sozusagen »ich« sagt, verkörpert die 2 das Gegenüber und die Beziehung zum Ich: also du und ich, eine Zweierbeziehung, ein Paar. 2 ist die Zahl der Symmetrie: zwei Seiten, die sich gleichen, sich ergänzen, in jedem Fall aufeinander bezogen sind. Die Zahl 4 ist 2 mal 2. Die Doppelsymmetrie. Zwei Paare, die aufeinander bezogen sind. Wie beim Squaredance. Vier Personen an den Ecken eines Quadrats, vier Symmetrieachsen.

Zurück zur Zahl 8. 8 ist 2 mal 2 mal 2. Die Doppeldoppelsymmetrie. So viel Symmetrie, dass es fast schon zu viel ist. Hier ist die Vollkommenheit ins Überdimensionale gesteigert. Die Zahl 8 prahlt: Schaut her, wie toll ich bin. Ich bin von allen Seiten makellos schön! Ein Symbol der Macht und Herrlichkeit. Kein Wunder, dass die Zahl 8 als Zahl des kosmischen Gleichgewichts gilt.

Fast ein Beweis für diese These ist das berühmte Schloss Castel del Monte in Apulien im Süden Italiens. Es wurde auf Geheiß des Kaisers Friedrich II. von 1240 bis 1250 erbaut. Es liegt auf einem kleinen Hügel und ist in der kargen Landschaft von weit her sichtbar wie ein riesiger, geometrischer Körper, der vom Himmel gefallen ist.

Welchen Zweck das imposante Gebäude haben sollte, darüber streiten sich die Gelehrten noch heute. Aber klar ist, dass es den Machtanspruch Friedrichs II. unübersehbar zum Ausdruck bringt. Dazu trägt ganz wesentlich die mathematisch strenge Architektur bei: Der Grundriss ist ein reguläres Achteck, an jeder Ecke steht ein Turm, der wiederum ein reguläres Achteck bildet. Und auch der Innenhof ist – natürlich – ein regelmäßiges Achteck. Stein gewordene, höchst eindrucksvolle Mathematik. Schauen Sie sich's an: www.castel-del-monte.de.

Darf ich Ihnen die Zahl noch in anderer Weise nahebringen? Für mich ist 8 so ähnlich wie die Königin der Nacht in Mozarts *Zauberflöte*. Mozart war weder Mathematiker noch Zahlenmystiker. Die *Zauberflöte* hat auch nichts mit der Zahl 8 zu tun. Aber der Ausdruck der Königin der Nacht in ihrer berühmten Arie »Der Hölle Rache kocht in meinem Herzen« ist wie die 8: überirdische, unerreichbare Schönheit und gleichzeitig die unnahbare Kälte der Macht.

Zahlen in der Kirche

25

Die Liederzahlen in der Kirche fordern zwar zu frommem Innehalten auf – sie können aber auch Anlass sein für mathematische Gedankenspiele.

Ich glaube, dass ich meine mathematische Begabung von meiner Mutter habe. Sie wird das heftig bestreiten, schließlich hat sie nie studiert und auch »schon längst alles vergessen, was wir damals gelernt haben«. Aber die Indizien überführen sie. Vielleicht sind es keine Beweise für eine mathematische Begabung, aber sicher für ihre Verbundenheit mit Zahlen.

Dass sie bei jeder Gelegenheit zählt und so die Zeit misst, ist für sie nicht der Rede wert. Jede ihrer Pflanzen hat eine Zahl. Auf diese Zahl zählt sie beim Gießen: 1, 2, 3, 4, 5, 6, 7 für das Usambaraveilchen, 1, 2, 3 für einen kleinen Kaktus, und bei ihrer großen Amaryllis zählt sie bis 20. Auch das Anmachen des Salats mit Essig und Öl geschieht mit Hilfe von Zählen. Sie zählt eben bei allem – und spart sich dabei u.a. den Sekundenzeiger an der Armbanduhr. Wenn man sie darauf anspricht, lächelt sie leicht verlegen und sagt: »Das mach ich schon immer so.«

Wenn sie in die Kirche geht – ja, meine Mutter geht in die Kirche, jedenfalls manchmal –, zeigt sich eine tiefere Beziehung zur Mathematik. Jede größere Zahl bedeutet für sie eine Aufforderung, diese in Primzahlen zu zerlegen. Eine angezeigte Zahl »336« ist für sie nicht in erster Linie die Nummer des nächsten Kirchenlieds, von dem sie im Zweifelsfall die ersten drei Strophen auswendig kann, sondern vor allem eine Herausforderung, diese Zahl in ihre Primfaktoren zu zerlegen. Nach kurzem Nachdenken sagt sie zu sich: »336 ist 16 mal 21, also $2 \cdot 2 \cdot 2 \cdot 2 \cdot 3 \cdot 7$.«

Es gibt für sie schwierige und einfache Lieder. Dabei geht es weder um die Schwierigkeit der Melodie noch um die mögliche Unverständlichkeit des Textes, sondern darum, ob die Zahl leicht oder schwer zu zerlegen ist. 336 ist leicht, aber 391 war für sie lange Zeit eine schwere Zahl. Denn mit Probieren tut man sich schwer: 391 ist nämlich $17 \cdot 23$. Irgendwann erzählte ich ihr, dass sie das ganz einfach herauskriegen kann, wenn sie sich überlegt, dass Folgendes gilt: $391 = 400 - 9$, und das schreiben wir als $20^2 - 3^2$, und jetzt wenden wir die binomische Formel an: $(20 - 3)(20 + 3)$, und das ist $17 \cdot 23$.

»Das geht mit vielen Zahlen so«, erklärte ich, »probier doch mal 221 oder 247.« »Das heißt«, überlegte sie, »dass man die Zahl irgendwie als Differenz von zwei Quadratzahlen schreiben muss.« »Ja, dann kannst du die binomische Formel anwenden, nämlich $a^2 - b^2 = (a - b)(a + b)$, und du hast die Zahl als Produkt dargestellt.«

Sie war begeistert und – sie revanchierte sich: »Weißt du, was für eine tolle Zahl 37 ist?« Das war eine rhetorische Frage, denn natürlich hatte ich keine Ahnung. »Vor ein paar Jahren kostete ein Strang Stickgarn 37 Pfennige.« Meine Mutter arbeitete in unserem Handarbeitsgeschäft mit; das war noch zur Zeit der Pfennige. Und es war die Zeit, als man den Endbetrag im Kopf ausrechnen musste. »Mit 37 Pfennigen konnte man wunderbar rechnen!«

Vermutlich reagierte ich auf diese Behauptung nicht mit einem sehr intelligenten Gesicht. Sie klärte mich auf: »Klar, 37 mal 3 ist 111«, und dabei lächelte sie, so wie Mathematiker, wenn vor ihrem inneren Auge ein besonders schönes Argument aufleuchtet. »Das bedeutet, drei Strängchen kosten DM 1,11, sechs kosten DM 2,22 und 21 kosten DM 7,77 und so weiter.«

»Und wenn jemand keine Dreierzahl gekauft hat?« »Dann musste man eben noch 37 dazuzählen oder abziehen. Jedenfalls«, sagte sie mit einem Seufzer der süßen Erinnerung, »waren das noch Zeiten!«

Übrigens war sie glücklich, als in der Kirche vor ein paar Jahren ein neues Gesangbuch eingeführt wurde. Durch Aufnahme zusätzlicher Lieder war es zwar dicker als das alte, aber sie tröstete sich: »Wenigstens hab ich jetzt wieder ein paar neue Nummern zu knacken!«

Zeichen aus dem All

26

Unser Autor vertraut dem Navigationsgerät in seinem Auto blind. Nicht nur, weil die leitende Stimme so freundlich ist, sondern vor allem, weil er die Mathematik des Systems kennt.

Es gibt eine Situation, die ich fürchte, die aber unvermeidlich immer wieder auftritt: Ich fahre mit dem Auto in eine Stadt, in der ich mich nicht auskenne. Dort muss ich einen Vortrag halten, und die Zeit ist natürlich knapp. Plötzlich bin ich mitten im Innenstadtverkehr und habe keine Ahnung mehr, wie ich fahren soll. Ich gerate in Panik und biege bestimmt in die falsche Richtung ab. Wenn ich dann doch wie durch ein Wunder ankomme, bin ich durchgeschwitzt und mit meinen Gedanken überall, nur nicht bei meinem Vortrag.

Sie werden verstehen, dass für mich ein Navigationssystem eine geradezu erlösende Erfindung ist. Die freundliche Stimme sagt mir rechtzeitig, ob ich rechts oder links fahren muss. Und selbst wenn ich etwas falsch mache, bleibt sie ruhig und lenkt mich geduldig zum Ziel. Ich vertraue ihr und komme pünktlich und entspannt an. So soll das Leben sein!

Woher weiß das Navigationssystem, wo ich mich befinde? Wie funktioniert das? In das Navigationssystem integriert ist ein GPS-Empfänger. GPS heißt »global positioning system«. Dieses System wurde zur genauen Lokalisierung von Personen und Geräten entwickelt – zunächst für den militärischen Gebrauch, doch heute wird das GPS für vielfältige zivile Anwendungen eingesetzt.

GPS ist ein Wunderwerk der Technik. Es besteht aus den GPS-Empfängern und mehreren Satelliten. Das Empfangsgerät erhält permanent Signale von den Satelliten und bestimmt daraus seine Entfernung zu diesen. Aus den Entfernungen kann der GPS-Empfänger seinen Ort bestimmen.

Und dieses Verfahren basiert auf einfachen mathematischen Tatsachen. Stellen wir uns zunächst vor, dass ich mich nur auf einem festen Strahl bewege, der von einem Satelliten ausgeht. Dies ist zum Beispiel der Fall, wenn ich nur meine Höhe bestimmen möchte. Wenn ich dann meine Entfernung zu einem festen Punkt, dem Satelliten S, kenne, dann weiß ich genau, in welcher Höhe ich mich befinde. Auf einer Geraden gibt es zwar zwei Punkte mit einem vorgegebenen Abstand zu einem festen Punkt S, aber wenn ich weiß, auf welcher Seite von S ich mich befinde, ist der Ort durch den Abstand eindeutig bestimmt.

Als Nächstes machen wir uns den zweidimensionalen Fall klar: Ich bewege mich in einer Ebene, in der sich zwei Satelliten S_1 und S_2 befinden. Wenn ich meinen Abstand r_1 zum ersten Satelliten kenne, weiß ich bereits, dass ich auf der Kreislinie um S_1 mit dem Radius r_1 lokalisiert bin. Ebenso kennt mein GPS-Empfänger den Abstand r_2 zum Satelliten S_2, also befinde ich mich auch auf dem Kreis mit Radius r_2 um den Mittelpunkt S_2. Mein Ort ist also einer der maximal zwei Schnittpunkte dieser Kreise. Da sich einer der Schnittpunkte jenseits der Satelliten im Weltall befindet, ist der Schnittpunkt auf der Erde eindeutig.

In unserem dreidimensionalen Raum braucht man drei Satelliten, um einen Punkt zu bestimmen. Der fragliche Punkt ist der Durchschnitt von drei Kugelflächen, deren Mittelpunkte die Satelliten sind: Zwei Kugelflächen schneiden sich in einem Kreis, drei in maximal zwei Punkten, von denen einer wieder jenseits der Satelliten liegt.

Aber die Geschichte ist noch nicht zu Ende. Denn die Satelliten übermitteln meinem GPS-Empfänger nicht ihre Entfernung, sondern sie senden nur permanent Zeitsignale aus. Jeder GPS-Satellit ist mit Atomuhren bestückt, die die Zeit absolut präzise angeben. Wenn mein GPS-Empfänger auch eine genaue Uhr hätte, könnte er aus der Zeitdifferenz die Entfernung zum Satelliten bestimmen. Aber ein GPS-Empfänger hat keine genaue Uhr. Deshalb nimmt er die Zeitsignale eines vierten Satelliten zu Hilfe, vergleicht diese mit den Laufzeiten der anderen Signale und berechnet daraus die Entfernungen. Genial!

Wenn ich mich das nächste Mal wieder der freundlichen Ansagestimme eines Navigationssystems anvertraue, weiß ich, dass es nicht nur die Stimme ist, die mir Vertrauen einflößt, sondern die Mathematik, auf der das System aufbaut.

Das Eis von gestern

27

Eisblumen am winterlichen Fenster üben eine besondere Faszination aus. So tausendfältig sie auch wachsen – ihre Grundstruktur ist immer ein höchst regelmäßiges Sechseck.

Früher war alles besser. Die Kinder waren brav, die Eltern streng, die Lehrer fleißig. Die Luft war sauber, die Flüsse klar, die Wiesen grün. Die Tomaten schmeckten nach Tomaten. Und die Winter waren noch Winter.

War früher wirklich alles besser? Ich weiß es nicht. Aber eines war bestimmt schöner: Im Winter wuchsen an den Fenstern Eisblumen. Ich erinnere mich, dass ich mit meinen Brüdern unmittelbar nach dem Aufstehen, vor Kälte bibbernd, an den Fenstern stand und die vielen Eisblumen anhauchte, bis sie sich aufgelöst hatten.

Bei allem Bemühen, die Eisblumen wegzuhauchen, blieb uns doch nicht verborgen, wie schön sie waren. Sie haben im Kleinen eine klare, »kantige« Struktur, wachsen aber im Großen vielgestaltiger als Farne oder Blätter. Unsere Mutter erzählte, dass es keine zwei identischen Eisblumen gebe.

Wenn man Eisblumen genau betrachtet, erkennt man Kristalle. Schöne glitzernde Kristalle. Und wenn man ganz genau hinschaut – und aufpasst, dass der Atem die Kristalle nicht schmilzt –, dann sieht man, dass die Struktur der Kristalle immer die gleiche ist. Es sind immer Sechsecke. Andere Zahlen kommen nicht vor: kein Quadrat, kein Fünfeck, kein Achteck. Wenn Sie gezeichnete Eisblumen sehen, in denen Achtecke vorkommen, wissen Sie: Das ist falsch.

Eisblumen wachsen besonders an den Rändern, es entstehen flächige Strukturen und keine räumlichen Gebilde. Ihr Reiz liegt in der Spannung zwischen der klaren und einfachen Kristallstruktur und der Variabilität der Eisblumenfauna, zwischen der Symmetrie im Kleinen und der Individualität im Großen, zwischen strenger Struktur und unbegrenzter Freiheit.

Dies hat die Menschen schon immer fasziniert. Einer, der sich der Attraktion der Eisblumen nicht entziehen konnte, war Johannes Kepler (1571–1630). Für seinen Freund und Gönner Wacker von Wackenfels verfasste er ein Büchlein mit dem Titel *Strena seu de nive sexangula* (Vom sechseckigen Schnee), das er ihm zu Neujahr 1611 schenkte.

In dieser ersten wissenschaftlichen Abhandlung über die Struktur des Schnees beschreibt er seine Beobachtungen: »Es waren Plättchen aus Eis, sehr flach, sehr poliert und sehr transparent, ungefähr von der Dicke eines Blattes Papier, aber perfekt in Sechsecken geformt. Ihre sechs Seiten waren so gerade und die sechs Winkel so gleich, dass es unmöglich für einen Menschen wäre, etwas so Genaues herzustellen.«

Was für Kepler ein unerklärliches Wunder der Natur war, können wir heute erklären: Der Grund dafür liegt in der Molekülstruktur beziehungsweise darin, wie die Wassermoleküle im gefrorenen Zustand angeordnet sind. Sie liegen immer so, dass sie Sechsecke bilden, und zwar ziemlich sperrige Sechsecke. Dies zeigt sich dann auch makroskopisch in der für uns sichtbaren Struktur, die durchgängig sechseckig gebildet ist.

Für die Eisblumen im Großen ist eine andere Theorie zuständig, nämlich die von Benoît Mandelbrot geschaffene Theorie der Fraktale.

Als wir kleinen Jungen am Fenster standen und um die Wette hauchten, hatten wir natürlich keine Ahnung von Kristallen und Fraktalen. Aber uns war intuitiv klar, dass die Eisblumen etwas ganz Besonderes sind.

28 Papierfalten

Weißes Papier, gestapelt und sortiert – für manche eine spezielle Ästhetik, für andere einfach langweilig. Man kann aber auch damit spielen. Wie oft zum Beispiel können Sie einen DIN-A4-Bogen durch Knicken halbieren?

Papier gibt es in den verschiedensten Formen und Größen: als Plakate, Zeitungsseiten, Briefblöcke, Hefte groß und klein, Postkarten, Karteikarten, Visitenkärtchen. Man kann die Papierformate nach ihrer Größe unterscheiden, aber von ihrer Form her sehen sie ähnlich aus. »Natürlich«, könnten Sie sagen, »es handelt sich um Rechtecke: Alle Winkel sind rechte Winkel und eine Seite ist länger als die andere, sonst wären es ja Quadrate.«

Aber es geht genauer: Nicht der Unterschied der Längen ist entscheidend, sondern ihr Verhältnis! Das DIN-A4-Papier ist 297 mm lang und 210 mm breit. Die Differenz ist 87 mm. Ein DIN-A5-Papier ist 210 mm lang und 148 mm breit – 62 mm Längenunterschied. Das Verhältnis der Längen ist aber bei beiden Formaten nahezu gleich: $297:210 = 210:148 = 1{,}4$.

Unser normales Schreibpapier ist DIN-A4-Papier. Das »N« steht dabei für »Norm«. Das bedeutet, dass Länge und Breite genau definiert sind. Man hat versucht, die Definition des DIN-Formats so objektiv wie möglich zu fassen. So sind die DIN-Formate durch folgende Forderungen festgelegt:

- Je zwei benachbarte Formate gehen durch Halbieren beziehungsweise Verdoppeln auseinander hervor.
- Die Formatsätze sind ähnlich zueinander, das heißt, alle DIN-Formate sehen »gleich aus«, es gibt nur kleinere und größere Formate. Genauer gesagt: Das

Verhältnis von Breite und Höhe unseres DIN-Papiers ist immer gleich.

- Der Flächeninhalt des Ausgangsformats A0 beträgt genau einen Quadratmeter.

Man kann ausrechnen, dass das Verhältnis von Länge und Breite eines DIN-Formats gleich $\sqrt{2}$ zu 1 ist. Das bedeutet, dass die lange Seite ungefähr 1,4-mal so lang ist wie die kurze.

Das kann man sich einfach so überlegen: Wir bezeichnen die lange Seite – sagen wir eines A4-Bogens – mit x, die kurze mit y. Dann ist das Verhältnis von langer Seite zu kurzer Seite gleich x zu y.

Aus dem A4-Blatt erhalten wir ein A5-Blatt, indem wir es halbieren. Ein A5-Blatt hat als lange Seite die kurze Seite des A4-Blatts, also y. Seine kurze Seite ist die Hälfte der langen Seite des A4-Blatts, also $x/2$. Beim A5-Blatt ist das Verhältnis von Länge zu Breite gleich y zu $x/2$.

Da das Verhältnis von Länge und Breite bei beiden Blättern gleich ist, folgt: $x : y = y : x/2$. Wenn man diese Gleichung umstellt, erhält man $x^2/y^2 = 2$, oder $x/y = \sqrt{2}$.

Die 1938 für den Geschäfts- und Behördenbereich eingeführten Formate gehen von A0 (Vierfachbogen) über A1 (Doppelbogen), A2 (Einfachbogen) und A4 (Viertelbogen) bis zum Format A8, das für Visitenkarten benutzt wird.

Theoretisch könnte man das DIN-Format weiterführen: A9, A10 und so weiter. Praktisch geht das aber nicht lange gut. Wenn man ein DIN-A4-Blatt zehnmal halbieren wollte, würde man 1024 Lagen eines hypothetischen A14-Formates erhalten. Die Blätter wären gerade einmal 9,3 mm lang und 6,6 mm breit – aber der Stapel wäre etwa 10 cm hoch. Das bringt man mit Falten nicht fertig.

Keine Angst vor großen Zahlen 29

Zum Multiplizieren reicht das kleine Einmaleins.
Man kann große Multiplikationen aber noch leichter binär durchführen.
Mit römischen Ziffern dagegen hätte man keine Chance.

Warum müssen wir das Einmaleins in der Schule auswendig lernen? Warum werden jährlich zigtausende von Schülerinnen und Schülern damit gequält? Ist das eine reine Disziplinierungsmaßnahme, die pure Schikane – oder hat das einen mathematischen Grund?

Gut, es mag schwer sein, das Einmaleins zu lernen. Aber das Entscheidende ist, dass wir nichts zusätzlich lernen müssen! Wir müssen nicht auswendig lernen, was 37 mal 23 ist. Oder was bei 328 mal 427 rauskommt. Das können wir nämlich berechnen, indem wir das simple Einmaleins anwenden.

Machen wir uns einmal klar, wie die Multiplikation funktioniert. Dabei ist es egal, ob ein Mensch diese Rechnung durchführen muss oder ob er das einen Computer machen lässt. Beide führen im Grunde die gleichen Operationen durch. Wir schauen uns die Aufgabe $328 \cdot 427$ an.

Sie sieht zunächst schwierig aus, ist aber leicht. Warum? – Ganz einfach: Mit dem Verfahren für die Multiplikation, das wir aus der Schule kennen, kann man große Zahlen, ja sogar beliebig große Zahlen multiplizieren – und zwar dadurch, dass man nur die einzelnen Ziffern multipliziert.

Klar: Die erste Zeile unter dem Strich – 1312 – entspricht $328 \cdot 4$. Aber diese Zahl haben wir nicht »am Stück« berechnet, sondern wir gewinnen sie, indem wir der Reihe nach – von rechts nach links – die Produkte $8 \cdot 4$, $2 \cdot 4$, $3 \cdot 4$ ausgerechnet haben. Natürlich müssen wir beim Übertrag aufpassen (»schreibe 2, merke 3«). Das Entscheidende aber ist: Wir multiplizieren nur Ziffern, und dazu brauchen wir nur das kleine Einmaleins. Und so berechnen wir die drei Zeilen und addieren dann die erhaltenen Zwischenergebnisse. Resultat: 328 · 427 = 140 056.

Mit diesem Verfahren können wir auch ekelhaft große Zahlen multiplizieren, ohne ein großer Rechenkünstler zu sein – und dazu reicht das kleine Einmaleins, von 1 · 1 bis 9 · 9.

Genial, wie unser Zahlensystem optimal auf das Multiplizieren abgestimmt ist. Man kann damit nicht nur beliebig große Zahlen schreiben, sondern auch mit ihnen rechnen. Stellen Sie sich vor, wie man obige Rechnung mit römischen Zahlen durchführen würde: CCCXXIIX mal CDXXVII? Keine Chance! Wir wissen nicht einmal, wie wir anfangen sollten. Sie sollten jede Multiplikationsaufgabe genießen!

Übrigens: Im Binärsystem wäre die ganze Sache noch viel einfacher. Denn dort gibt es nur zwei Ziffern, 0 und 1, und das Einmaleins reduziert sich auf eine einzige Gleichung: 1 mal 1 gleich 1.

328 · 427 ist binär geschrieben 101 001 000 · 110 101 011. Wir müssen die linke Zahl entweder mit 1 oder mit 0 multiplizieren. Multiplikation mit 1 ist simpel: Wir schreiben die linke Zahl einfach ab. Das ist bei der 1., der 2., 4., 6., 8. und 9. Zeile der Fall.

Anschließend müssen wir die Zahlen addieren und erhalten: 100 010 001 100 011 000 – was nichts anderes als die Dezimalzahl 140 056 darstellt.

30 Die mathematische Power im Abzählreim

Es ist viel spannender, jemanden über den Reim »Ene mene Miste, es rappelt in der Kiste …« zu bestimmen, als nur »1, 2, 3 …« zu zählen, wie es der Mathematiker tun würde.

Erinnern Sie sich? Aus Ihrer eigenen Kindheit oder von Ihren Kindern ist Ihnen sicher folgende Szene vertraut: Eine Gruppe von Kindern wählt einen aus der Runde durch einen Abzählvers aus. Die Kinder stellen sich im Kreis auf, eines fängt an zu zählen, indem es ein mehr oder weniger tiefsinniges Verslein aufsagt: »Ene mene Miste, es rappelt in der Kiste, ene mene meck – und du bist weg!« Bei jeder Betonung zeigt das abzählende Kind der Reihe nach auf ein Kind im Kreis. Wenn es bei der letzten Silbe angekommen ist, hält es an. Das Kind, auf das es jetzt zeigt, »ist es dann«.

Dieses Verfahren überzeugt. Es wird widerspruchslos akzeptiert. Keiner bezweifelt die Entscheidung, niemand äußert Kritik.

Warum eigentlich? Worin liegt das Geheimnis? Ist es der Klang der Wörter? Die Magie des Reimes? Ist es der strenge Rhythmus? Eines ist klar: Mit der Bedeutung der Wörter und dem Inhalt der Sätze – wenn man davon überhaupt sprechen kann – hat es nichts zu tun. Abgesehen von der triumphierenden letzten Zeile (»und du bist weg!«) kann man den Inhalt schlicht vergessen.

Mit Magie hat das Ganze bestimmt nichts zu tun – eher im Gegenteil. Jedenfalls kann man vorhersagen, wen es treffen wird. Überlegen wir einmal: Das Aufsagen des Abzählverses entspricht dem Abzählen einer gewissen Anzahl von Silben. Man könnte bei jeder Silbe um eins weiterzählen. Üblich ist es aber, nur bei jeder Betonung des Verses um eine Person weiterzuzählen. Also: <u>E</u>ne mene Miste, es rappelt in der Kiste, ene mene meck – und du bist weg!

Das sind 15 Betonungen, man hätte also auch ganz einfach bis 15 zählen können. Aber das wäre viel langweiliger gewesen.

In Wirklichkeit ist es noch einfacher. Stellen wir uns vor, es stehen sechs Kinder im Kreis. Angenommen, das erste Kind, die Lisa, beginnt bei sich im Uhrzeigersinn zu zählen. Dann bleibt sie nach den 15 Betonungen bei dem Kind stehen, das zwei Plätze links von ihr steht. Mit anderen Worten: Lisa hätte nur bis drei zu zählen brauchen! Wäre natürlich noch viel langweiliger gewesen!

Was passiert bei acht Kindern? Dann trifft Lisa das Kind, das zwei Positionen rechts von ihr steht. Es hätte gereicht, wenn sie bis sieben gezählt hätte. Bei sieben Kindern endet der Abzählvers dort, wo er begonnen wird – Lisa hätte also nur bis eins zu zählen brauchen.

Was steckt denn mathematisch dahinter? Ganz einfach: Wir teilen durch die Anzahl der Kinder, und zwar mit Rest. Denn wir interessieren uns nur für den Rest. Dieser sagt uns, wo der Vers endet.

Also: 15 Betonungen geteilt durch 6 ergibt den Rest 3. Es reicht, wenn man bis 3 zählt. Bei 8 Kindern rechnet man »15 geteilt durch 8« und erhält den Rest 7. Entsprechend erhält man bei 7 Kindern den Rest 1. Man hätte nur bis 1 zu zählen brauchen. In diesem Fall sagt uns also die Mathematik, dass der Abzählvers garantiert bei dem Kind endet, bei dem er begonnen wurde.

Langweilig? Vielleicht. Aber: Wenn wir diesen kleinen Zahlentrick anwenden, wissen wir genau, was passieren wird. Das ist die Power der Mathematik.

31 Eine langweilige Zahl?

Die 5 ist allgegenwärtig: vom Apfelkerngehäuse bis zu den Olympischen Ringen. Für Mathematiker hat sie einen speziellen Reiz – für Leute mit einer 5 in Mathe wohl eher nicht.

Die Zahl 5. Na ja. Was soll das? 5 ist doch im Grunde eine Graue-Maus-Zahl, nichts dran und nichts drin.

Andere Zahlen haben Charakter: 1 ist der Anfang von allem. 2 symbolisiert die Zweiheit, ohne die nichts läuft. 3 ist die heilige Zahl par excellence. 4 das perfekte Quadrat. Zu 6 fällt auch jedem was Schönes ein. 7 ist die klassische Unglückszahl und so weiter. Jede Zahl hat eine Geschichte, und alle sind interessant.

Aber die 5? Die scheint ein unauffälliges Mittelwesen zu sein. Zwischen der heiligen 3 und der Unglücks-7, weit entfernt von der dynamischen 2 und der ausbalancierten 6. Bestenfalls ist die 5 meine Mathe-Note, und das ist keine gute Erinnerung. So könnte jemand schimpfen. Aber er hätte nicht Recht. Im Gegenteil: 5 ist alles andere als grau!

Es gibt den alten Witz unter Mathematikern mit dem Beweis, dass jede Zahl interessant ist: »Angenommen, es gäbe eine uninteressante Zahl. Dann gäbe es auch eine kleinste uninteressante Zahl – eine wahnsinnig interessante Eigenschaft!«

Nach diesem Insiderspaß müsste auch 5 eine beachtenswerte Zahl sein. Und sie ist tatsächlich interessant. Aber nicht aus Mangel an »inneren Werten«, sondern weil sie unglaublich viele Eigenschaften hat.

Die 5 ist eine der reichsten Zahlen: Schon an uns selbst können wir sie entdecken: 5 Finger hat die Hand. Der Mensch hat 5 Sinne (Sehen, Hören, Schmecken, Riechen,

Fühlen). Es gibt die 5 (klassischen) Erdteile, daher gibt es auch genau 5 Olympische Ringe.

Viele Blüten und Früchte haben eine fünffache Symmetrie: Schneiden Sie zum Beispiel mal einen Apfel quer durch – und Sie sehen ein Fünfeck! Aber auch in der unbelebten Natur kommt die Zahl 5 vor: Schauen Sie mal auf die Felgen von Autorädern. Viele haben eine fünfzählige Symmetrie. Und betrachten Sie die Sterne auf den Nationalflaggen. Egal ob USA oder ihre erklärten Gegner: Wenn Sterne auf der Flagge sind, sind es Fünfersterne!

Aber die 5 ist auch aus mathematischen Gründen interessant. Das liegt zu einem großen Teil am Fünfeck. Ein Gebilde, das schwer zu zeichnen ist. Es sperrt sich gegen alle naiven Versuche, es auf das Papier zu bringen. Und zwar egal, ob man das freihändig machen will oder wissenschaftlich mit Zirkel und Lineal.

Aber es geht. Das steht schon bei Euklid (ca. 300 v. Chr.). Und Carl Friedrich Gauß (1777–1855) hat herausgefunden, warum. Weil 5 nicht nur eine Primzahl ist, sondern eine ganz besondere Primzahl. Sie ist vom Typ 2 hoch irgendwas plus 1. Klar: $5 = 2^2 + 1$. Die nächste Primzahl dieses Typs ist 17, denn $17 = 2^4 + 1$. Man kennt noch zwei weitere: 257 ($= 2^8 + 1$) und 65 537 ($= 2^{16} + 1$).

Für alle diese Zahlen kann man ein regelmäßiges Vieleck mit der entsprechenden Eckenzahl zeichnen.

Ob es noch größere Primzahlen dieses Typs gibt oder ob gar unendlich viele Primzahlen dieses Typs existieren, weiß man bis heute nicht.

Übrigens: Die erste wirklich langweilige Zahl ist, meiner Meinung nach, die Zahl 10 – aber davon erzähle ich ein anderes Mal.

32 Wie heißt die nächste Zahl?

2, 3, 5, 7, 11 . . . .

Wie muss diese Zahlenreihe logisch fortgesetzt werden?
Erkennen Sie das Gesetz hinter der Ziffernfolge?
Ein intellektueller Spaß nicht nur für Mathematiker.

Geht es Ihnen auch so? Manchmal muss man Sachen einfach zum Abschluss bringen. Manche Dinge wollen wir aufräumen, manches müssen wir zwanghaft zu Ende führen.

Für viele Menschen ist ein Kreuzworträtsel die unwiderstehliche Aufforderung, die Kästchen auszufüllen. Für andere sind Puzzles faszinierend, und sie geben erst Ruhe, wenn auch das letzte Teil richtig eingefügt ist.

Das läuft oft slapstickartig ab: Ich kannte mal einen Musiker, der keinen Dominantseptakkord (also den Akkord, der zur Auflösung in die Tonika drängt) hören konnte, ohne ihn aufzulösen: Wenn man einen solchen Akkord auf dem Klavier angeschlagen hatte, kam er angerast, um ihn aufzulösen.

So ähnlich ist es in der Mathematik auch. Wenn uns jemand eine Folge von Zahlen sagt, haben wir das unmittelbare Bedürfnis, die Reihe fortzusetzen.

Klar: 2, 4, 6, 8 – wie geht's weiter? Jeder vernünftige Mensch wird sofort weitersagen: 10, 12, 14 … Denn er weiß: Das sind die geraden Zahlen. Oder 1, 4, 9, 16 – da wissen wir: Das sind die Quadratzahlen. Und wir können die Reihe fortsetzen: 25, 36, 49 …

Eine besonders interessante Zahlenfolge beginnt 2, 3, 5, 7, 11. Das sind die Primzahlen, für die man bis heute keine Formel kennt.

Alle drei Beispiele liefern ein befriedigendes Erlebnis. Man erkennt das Muster und kann die Folge dann gemäß diesem Muster fortsetzen.

Mathematiker müssten das eigentlich besonders gut können. Aber in Wirklichkeit haben sie mit dieser Sorte von »Intelligenztests« große Probleme. Einer meiner Kollegen ist in dieser Sache radikal. Er weist jede Aufforderung, eine solche Zahlenfolge fortzusetzen, weit von sich, tut so, als ob er überhaupt nicht verstehe, um was es geht, und lässt sich höchstens zu der Bemerkung herab: »Ich kann die Folge schließlich mit jeder Zahl fortsetzen! 2, 4, 6, 8 – warum soll als nächstes 10 kommen? Warum nicht 12 oder 1000 oder minus 5? Mich kann doch niemand daran hindern, eine solche Zahl zu nennen!« Als meine Tochter einmal diese Tirade hörte, meinte sie trocken: »Einmal könnte man euch Mathematiker brauchen, und dann verweigert ihr euch!«

Doch nüchtern betrachtet hat mein Kollege im Grunde Recht. Und zwar aus mindestens zwei Gründen.

Erstens formal: Natürlich kann man niemanden daran hindern, einfach irgendeine Zahl zu nennen und zu behaupten, so gehe die Folge – seiner Meinung nach – weiter. Sie können sagen: Das ist unfair. Schon – es sei denn, man kann eine interessante Folge nennen, die sich tatsächlich so fortsetzt!

Zweitens gibt es erstaunlicherweise viele Anfänge von Folgen, die zu mehreren interessanten Folgen fortgesetzt werden können.

Zum Beispiel: 2, 3, 5? Sind das die Primzahlen, also 2, 3, 5, 7, 11 …? Könnte sein. Aber es könnte auch etwas ganz anderes sein. Zum Beispiel: Die erste Zahl plus 1, die zweite plus 2, die dritte plus 3, usw. Also 2, 3, 5, 8. Aber selbst hier gibt es noch eine weitere Möglichkeit. Die berühmte Fibonacci-Folge 2, 3, 5, 8, 13 …, bei der jede Zahl die Summe der beiden Vorgängerzahlen ist.

Zum Abschluss noch zwei echte Kopfnüsse. Zwei gemeine Folgen, deren Gesetze ich nicht nenne. Ich verrate Ihnen nur so viel: Man kann das Gesetz in beiden Fällen nur dann erkennen, wenn man die Zahlen der Folge ausspricht.

– acht, drei, eins, fünf, neun, sechs, sieben, vier …?

– 1, 11, 21, 1211, 111221, 312211 …???

33 Pi im Biergarten

Räsonieren Sie nicht über die schlecht gefüllten Gläser im Biergarten – lösen Sie eine kleine Aufgabe. Was ist größer: die Höhe oder der Umfang Ihres Bierglases?

Stellen Sie sich vor, Sie sitzen abends zu Hause oder im Biergarten. Vor Ihnen steht ein mehr oder weniger volles Glas. Ich möchte nicht wissen, was drin ist, ich möchte auch nicht wissen, das wievielte Glas vor Ihnen steht. Mir geht es nur um das Glas an sich.

Wie fortgeschritten der Abend auch ist, folgende Aufgabe können Sie Ihrem Nachbarn immer noch stellen – und große Verblüffung hervorrufen: Wie hoch ist Ihr Glas im Vergleich zu seinem Umfang? Den Umfang könnten Sie messen, indem Sie einen Faden oben um Ihr Glas herum legen. Ihr Glas hat auch eine Höhe. Diese ist noch leichter zu ermitteln.

Ist die Höhe nun größer oder der Umfang? – Was denken Sie? Ihr Nachbar wird vermutlich antworten: »Ist doch klar, dass das Glas höher als dick ist!«

Wenn Sie wissen wollen, wie es tatsächlich ist, messen Sie einfach nach! Bei fast allen Gläsern stellt sich heraus, dass der Umfang größer, zum Teil viel größer als die Höhe ist. Verblüffend!

Mathematisch gesehen geht es um die Frage nach dem Umfang eines Kreises. In der Schule haben wir gelernt, wie sich dieser berechnen lässt: Durchmesser mal π (pi), oder, wenn man es über den Radius, also den halben Durchmesser ausdrücken will, Umfang gleich $2\pi r$. Anders ausgedrückt: π erhält man, wenn man den Umfang eines Kreises durch seinen Durchmesser teilt. Und π, das weiß jeder, ist 3,14 – jedenfalls ungefähr.

Die Geschichte der Mathematik ist voll von immer

neuen Versuchen, diese wichtige Zahl immer genauer kennen zu lernen. Wie viele Stellen hinter dem Komma? (Weltrekord: über 1 Billion.) Wiederholen sich die Stellen irgendwann? (Nein.) Gibt es eine Gleichung, genauer gesagt, ein Polynom, mit dem man π exakt ausrechnen kann? (Nein.)

Erstaunlich ist aber auch die Zahl vor dem Komma, die 3. Sie gibt die Größenordnung des Kreisumfangs an. Der Umfang ist in unserem Experiment der Umfang des Glases, und wir haben gesehen, dass dieser regelmäßig unterschätzt wird. In gewissem Sinne ist die Ziffer vor dem Komma also die überraschendste Ziffer von π. Die anderen mögen viel schwieriger zu berechnen sein, aber die 3 ist die verblüffendste.

Schon im Alten Testament (1. Könige 7,23) heißt es bei der Beschreibung des Altars im Tempel Salomons: »Und er machte das Meer (ein kreisrundes Becken), gegossen, von einem Rand zum andern zehn Ellen weit (...) und eine Schnur von 30 Ellen war das Maß ringsherum.« Der Umfang wurde also genauso bestimmt, wie Sie den Umfang Ihres Glases gemessen haben. Aus den Zahlenangaben kann man für das Verhältnis von Umfang zu Durchmesser die Zahl $30:10 = 3$ ablesen. Mit anderen Worten: $\pi = 3$.

Aus mathematikhistorischer Sicht kann man über diese grobe Approximation von π nur milde lächeln, denn in anderen Teilen der Erde, zum Beispiel in Ägypten, waren damals schon viel bessere Berechnungen bekannt. Aber etwas ganz Wesentliches kommt auch schon in diesem Bibeltext zum Vorschein, nämlich wie erstaunlich groß π ist.

Zum Abschluss noch die Auflösung der Kopfnüsse aus der vorigen Kolumne.

Die Folge acht, drei, eins, fünf, neun, sechs, sieben, vier … hat nur eine einzige weitere Zahl, nämlich zwei. Es sind die einstelligen Zahlen – alphabetisch geordnet.

Das Geheimnis der Folge 1, 11, 21, 1211, 111221, 312211 … erschließt sich, wenn man ein Folgenglied ausspricht: Das erste ist »eine Eins«; dies schreibt man in Zahlen auf: »1 1« und erhält das nächste Folgenglied. Dies liest man wieder »zwei Einsen«, also »2 1«, und schreibt dies auf. Wie geht es weiter? »312211« liest man »eine Drei, eine Eins, zwei Zweien, zwei Einsen«, also »13112221«. Sehr gemein!

Übrigens: Auch über diese Folgen kann man im Biergarten genüsslich diskutieren.

34 Die magische Zahl 1089

Zaubern mit Zahlen kann jeder – und der Trick funktioniert hundertprozentig! Der Erfolg beim Publikum ist gewiss – und es bekommt sogar noch die bohrende Frage beantwortet: Wie funktioniert das?

Wenn Mathematiker zusammenkommen, erzählen sie sich die neuesten mathematischen Tricks. Kürzlich stellte mir einer folgende Aufgabe: »Denk dir eine dreistellige Zahl. Schreibe sie in umgekehrter Reihenfolge auf und subtrahiere dann die kleinere von der größeren Zahl. Schreibe auch das Ergebnis in umgekehrter Reihenfolge auf und addiere diese beiden Zahlen.«

Kaum ein Mathematiker befolgt solche Anweisungen blind, die meisten sind viel zu faul zum Rechnen. Vor allem aber hegen sie stets den Verdacht, dass hinter dieser Aufgabe etwas Allgemeines steckt. Und das, was »dahintersteckt«, darauf kommt es den Mathematikern an. Sie wollen nicht nur wissen, dass etwas richtig ist, sondern vor allem, warum.

Aber ein Beispiel kann nichts schaden. Wir denken uns also eine dreistellige Zahl, zum Beispiel 723. Davon bilden wir die Kehrzahl, indem wir sie von hinten lesen; das ist 327. Nun berechnen wir 723 – 327 = 396. Die Kehrzahl davon ist 693, und die Summe der beiden Zahlen ergibt 396 + 693 = 1089.

Das Sensationelle ist, dass immer 1089 rauskommt. Sie können das Verfahren zu einem Zaubertrick ausbauen. Lassen Sie jemand die Rechnung durchführen und dann ein Buch auf der Seite der Ergebniszahl aufschlagen, diese Telefonnummer anrufen oder Ähnliches. Sie können zu 1089 eventuell eine Zahl dazuzählen oder abziehen oder eine Ziffer streichen, so dass Ihre Versuchsperson auf die vorab feststehende Zahl kommt.

Der Trick ist eindrucksvoll, aber die Mathematiker interessiert, warum er funktioniert, warum immer 1089 rauskommt. Schauen wir uns zunächst den ersten Teil der Rechnung noch einmal an. Was haben wir gemacht? Wir hatten eine Zahl gewählt, die Kehrzahl gebildet und dann die kleinere der beiden Zahlen von der größeren abgezogen.

Zahlen, die Kehrzahlen voneinander sind, haben beide in der Mitte die gleiche Ziffer. Die Ziffern der beiden Zahlen vorn (Hunderterstelle) und hinten (Einerstelle) sind die gleichen, nur in umgekehrter Reihenfolge. Vorn steht die kleinere Ziffer unten, an der Einerstelle steht die größere unten.

Bei der Subtraktion beginnt man an der letzten Stelle. Da die größere Ziffer unten steht, erhalten wir in jedem Fall einen Übertrag (»behalte 1«). In der Mitte steht oben und unten die gleiche Ziffer, es kommt aber der Übertrag 1 hinzu. Daher ist das Ergebnis 9 und wir erhalten wieder einen Übertrag 1. Nun betrachten wir die Hunderterstelle. Dort stehen die gleichen Ziffern wie an der Einerstelle – nur in umgekehrter Reihenfolge. Das heißt, das Ergebnis an der Hunderterstelle müsste eine Zahl sein, die das Ergebnis der Einerstelle zu 10 ergänzt. Da aber noch ein Übertrag 1 zu berücksichtigen ist, ergänzen sich die beiden Ergebnisse zu 9.

Das ist das entscheidende Zwischenergebnis: Das Ergebnis der Subtraktion ist immer eine Zahl, die in der Mitte eine 9 hat und rechts und links davon Ziffern, die sich zu 9 ergänzen; es kommen also nur die Zahlen 198, 297, 396 … 891 in Frage. Wenn man zu einer solchen Zahl die Kehrzahl addiert, erhält man aber immer 1089.

Diese Argumentation würde ein Mathematiker akzeptieren – aber zugleich fragen: Was passiert, wenn wir eine Zahl wählen, bei der Einer- und Hunderterziffer gleich sind? Etwa die Zahl 353. Bei der Subtraktion würde sich 0 ergeben, und auch bei der anschließenden Addition würde wieder 0 herauskommen. Auch wenn sich die beiden Stellen nur um 1 unterscheiden, gibt es Schwierigkeiten.

Also muss die Aufgabe so lauten: »Denk dir eine dreistellige Zahl, bei der sich die Einerziffer und die Hunderterziffer um mindestens 2 unterscheiden. Bilde die Kehrzahl …«

Jetzt ist auch der Mathematiker zufrieden.

35 Mathematik an den Felgen

Die Felge eines Autorads ist nicht nur stabil und schön, sondern auch mathematisch interessant: Sie besitzt eine Drehsymmetrie – und oft ist sie sogar spiegelsymmetrisch.

Mit Schaudern denke ich an die Tage zurück, als wir unser jetziges Auto kauften. Jedes Mitglied der Familie hatte seine ganz präzisen Vorstellungen.

Unser Sohn drückte unmissverständlich aus, dass man sich heutzutage mit einem Wagen ohne elektrische Fensterheber und Zentralverriegelung nur blamieren würde. Für unsere Tochter war das Äußere entscheidend: »Wenn ihr ein rotes Auto kauft, fahr ich nie wieder mit euch!« Meine Frau legte großen Wert auf ein günstiges Preis-Leistungs-Verhältnis, und ich – war ausschließlich damit beschäftigt, die divergierenden Meinungen unter einen Hut zu bringen.

Ist ja auch klar: Man kann einen so zentralen Gegenstand unseres Lebens wie ein Auto unter völlig verschiedenen Gesichtspunkten sehen: Für den einen sind Form und Farbe wichtig. Für den Technikfan sind Newtonmeter und c_w-Wert ausschlaggebend. Für den Etatverwalter ist es die Wirtschaftlichkeit.

Kann man ein Auto auch mathematisch betrachten? Wenn ich in der Entscheidungsphase unseres Autokaufs auch noch mit Mathematik gekommen wäre, dann hätte mich meine Familie ohne Diskussion ermordet.

Aber selbstverständlich steckt ein Auto voller Mathematik. Die Form der Karosserie, die Oberflächen im Innenraum, die Wegfahrsperre, die Fahrzeugelektronik und vieles mehr enthalten nicht nur Mathematik, sondern wären ohne Mathematik überhaupt nicht möglich. Diesen Teilen sieht man die Mathematik allerdings nicht an. Aber an einem Teil wird sie offensichtlich: an den Felgen!

Eine Felge ist nicht nur stabil und schön, sondern immer auf eine ganz spezielle Weise geformt. Von der Mitte aus gehen mehr oder weniger dicke, sehr regelmäßig angeordnete »Streben« (oder Speichen) nach außen.

Interessant ist zunächst die Anzahl dieser Streben. Natürlich unterscheidet sie sich von Felge zu Felge. Aber meistens ist es eine ungerade Zahl. Nicht 4, sondern 3 oder 5. Aber auch 7 oder 9 Streben kommen häufig vor, während 6 Streben ganz selten sind. Schauen Sie doch mal nach!

Noch auffälliger als die Zahl ist die regelmäßige Anordnung der Streben. Die Mathematiker sagen dazu »Symmetrie« und meinen die Drehsymmetrie. Diese ist einfach zu verstehen: Man kann eine Felge ein bisschen drehen, und sie sieht wieder exakt so aus wie vorher. Um wie viel muss man sie drehen? Bei einer Felge mit 4 regelmäßig angeordneten Streben müsste man um 90 Grad drehen und hätte wieder exakt das gleiche Bild. Wenn man 3 Streben hat, muss man um 120 oder 240 Grad drehen, bei 5 Streben um 72 Grad und Vielfaches davon. Die Regel heißt: 360 Grad geteilt durch die Anzahl der Streben. Bei 5 Streben ist der minimale Drehwinkel, bis sich wieder das gleiche Bild ergibt, also gleich $360:5 = 72$ Grad. Jede Felge hat solche Drehsymmetrien.

Die meisten Felgen sind zusätzlich auch symmetrisch im landläufigen Sinne, das heißt, sie sind auch spiegelsymmetrisch – die rechte Hälfte sieht genauso aus wie die linke. Dies ist immer dann der Fall, wenn die Streben selbst spiegelsymmetrisch sind.

Manchmal sind die Streben aber auch wie bei einem Windrad zu einer Seite hin gebogen. Dann sind sie nicht spiegelsymmetrisch, und auch die Felge ist nicht spiegelsymmetrisch. Sie besitzt dann nur Drehsymmetrie – was, wie ich finde, besonders interessant ist.

Übrigens: Wir haben dann einen dunkelblauen Mittelklassewagen mit Zentralverriegelung und ohne Fensterheber gekauft, der Felgen mit einer Fünfersymmetrie hat!

36 Advent, Advent, fünf Lichtlein brennen ...

Langweilige Adventssonntage im Kreise der Lieben. Nicht doch: Mathematiker überlegen, wie man die Kerzen am Kranz sparsam und professionell zugleich so herunterbrennt, dass zu Weihnachten keine Stummel mehr entsorgt werden müssen.

Jedes Jahr im Advent stellen wir Eltern uns vor, wie schön es sein könnte. Abends sitzt die Familie um den Adventskranz, die Kinder lauschen aufmerksam den Worten des Vaters und gehen dann brav und ohne Widerworte ins Bett.

Vielleicht ist es bei Ihnen so. Bei uns sitzen Christoph und Maria zwar am Tisch, schenken aber dem, was ich sage, kaum Aufmerksamkeit. Vielmehr halten sie ihre Zeigefinger in die Flammen, entzünden kleine Tannenzweige, lassen das ausgelaufene und wieder fest gewordene Wachs abermals schmelzen und haben auch sonst nur Unsinn im Kopf.

Ich versuche, die Kinder auf vernünftige Gedanken zu bringen: »Es war einmal eine ordentliche Familie, in der auch die Kerzen des Adventskranzes ordentlich abbrannten.« »Was soll das heißen?«, wirft Maria ein. Immerhin hört sie zu. »Das heißt, dass jede Kerze, die angezündet wird, an diesem Sonntag genau zur Hälfte abbrennt. Am ersten Advent brennt also die erste Kerze bis zur Hälfte, am zweiten brennen zwei Kerzen halb ab und so weiter.« »Und was ist das Problem?« Ich antworte: »Die Familie will mit insgesamt nur fünf Kerzen auskommen. Wie muss sie das anstellen?«

»Das hast du doch schon letztes Jahr gefragt«, meldet sich Christoph gähnend zu Wort. Recht hat er. »Da gab es einen Trick«, sinniert seine Mutter. Christoph ist schnell: »Am zweiten Advent zündet man nicht nur eine neue Kerze an, sondern lässt auch die vom ersten Advent ganz abbrennen. Dann steckt man die neue Kerze dazu, zündet am dritten Advent die Kerzen an, die noch nicht gebrannt haben, und kann am vierten Advent alle Kerzen abbrennen.«

Aber ich habe noch einen Trumpf. »Im Lande Pentagonien hat der Advent fünf Sonntage und daher stehen auf dem Adventskranz auch fünf Kerzen.« Ich schaue die Kinder durchdringend an: »In Pentagonien ist es so, dass in einer ordentlichen Familie an jedem Sonntag jede angezündete Kerze genau ein Drittel abbrennt. Die Kerzen werden vor dem ersten Advent aufgesteckt, und es wird keine ausgetauscht. Kommt man mit fünf Kerzen aus?«

Beide Kinder schauen mich mit offenem Mund an. So weltfremd das Problem auch ist, sie fühlen die Herausforderung. Christoph verschafft sich eine Atempause, indem er fragt: »Wie oft brennt eine Kerze zu einem Drittel ab?« Er gibt sich selbst die Antwort: »Am ersten Advent eine, am zweiten zwei, und so weiter, also insgesamt 1 + 2 + 3 + 4 + 5, also …«, hier hilft ihm seine Schwester, »… also 15-mal.« »Genau betrachtet 15 Drittelkerzen, also insgesamt fünf ganze Kerzen«, bringt es meine Frau auf den Punkt.

Inzwischen hat Christoph über die Lösung nachgedacht: »Das geht so wie mit den vier Kerzen«, erklärt er. »Am zweiten Advent wird die Kerze vom ersten Advent ein weiteres Drittel abgebrannt und die Kerze Nr. 2 das erste Drittel.« Er führt uns das vor Augen, indem er die Szene mit kleinen Tannenzweigen nachstellt. Maria hat sofort kapiert, wie es weitergeht: »Am dritten Advent zündet man die Kerzen 3, 4, 5 an, dann hat man für den vierten die Kerzen 2, 3, 4, 5 und am fünften kann man die Kerzen runterbrennen«, schließt sie mit einem triumphierenden Blick.

Probieren Sie es bei Ihren Kindern mit dem Land Sextanien, in dem es sechs Adventssonntage gibt und der Adventskranz sechs Kerzen trägt. Mit wie vielen Kerzen kommen die Sextanier aus, wenn die Kerzen jeweils um ein Drittel abbrennen?

37 Spannende 40

Selbst in diesem Holzstich von Gregor Reisch (1508), der die Überlegenheit der indisch-arabischen Ziffern gegenüber dem alten Rechnen auf den Linien darstellt, kommt die Zahl 40 vor: Auf der linken Seite des Kleids der Göttin Arithmetica sehen wir die Zahlen 1, 3, 9, 27, die zusammen die Summe 40 ergeben!

Was soll denn an der Zahl 40 besonders sein? Ja, 10 oder 100, das sind Zahlen, die man sich merken kann, und zu Recht werden zehn- oder 100-jährige Jubiläen gefeiert! Aber 40? – Schauen wir einmal, was an der 40 wirklich dran ist.

Jede Zahl kann man in ihre Primfaktoren zerlegen. Bei 40 sieht das so aus: $40 = 2 \cdot 2 \cdot 2 \cdot 5$. Die Zahl 100 zerlegt sich als $100 = 2 \cdot 2 \cdot 5 \cdot 5$. Das sieht doch ganz ähnlich aus: Es sind die gleichen Primzahlen, nämlich 2 und 5, die Gesamtanzahl ist gleich (insgesamt 4 Faktoren), nur wird bei der Zahl 100 im Vergleich zur Zahl 40 eine 2 durch eine 5 ausgetauscht. Also ist die 40 der 100 gar nicht so unähnlich. Wir können also auch jedem Vierziger herzlich gratulieren!

Man kann auch untersuchen, wie sich eine Zahl »schön« als Summe schreiben lässt. Für die schönste Darstellung der Zahl 40 halte ich $40 = 1 + 3 + 9 + 27$. Die Zahlen 1, 3, 9, 27 sind allesamt Potenzen der Zahl 3; es gilt nämlich $1 = 3^0$, $3 = 3^1$, $9 = 3^2$ und $27 = 3^3$. Die Zahl 40 ist also eine Summe von aufeinander folgenden Dreierpotenzen, und das bedeutet, dass sie im System zur Basis 3 die Form $(1\ 1\ 1\ 1)_3$ hat. Das ist doch was!

Die tiefgestellte 3 bedeutet nur, dass wir die Ziffernfolge im Dreiersystem lesen. Das Dreiersystem ist im Prinzip das gleiche wie das Dezimalsystem, nur dass es eben nicht auf Potenzen von 10, sondern auf Potenzen von 3 aufbaut. Das bedeutet konkret: Die Ziffer ganz rechts muss mit 1 ($= 3^0$) multipliziert werden, die Ziffer, die links davon steht, mit 3, die nächste mit 9 und die ganz links mit 27. In einer Formel geschrieben heißt das: $(1\,1\,1\,1)_3 = 1 \cdot 27 + 1 \cdot 9 + 1 \cdot 3 + 1 \cdot 1 = 40$.

Schauen wir uns jetzt noch die Bestandteile der Zahl 40 an, die Ziffern 4 und 0. Die sind nun wirklich etwas Besonderes. Für die Zahl 4 gilt $4 = 2 + 2$ und $4 = 2 \cdot 2$. Es gibt keine andere positive Zahl, die sich als $x + x$ und gleichzeitig als $x \cdot x$ schreiben lässt. 4 ist die erste »richtige« Quadratzahl (nach $0 = 0^2$ und $1 = 1^2$). Die Zahl 2 symbolisiert das Prinzip der Verdoppelung, also ist 4 das Symbol für eine zweifache Verdoppelung.

Und erst die Zahl 0 – die wichtigste Zahl überhaupt! Dabei spielte sich die Geschichte der Zahlen jahrhundertelang ohne die Null ab. Warum sollte man auch ein Symbol für »nichts« haben. Das Nichts wird doch am allerbesten – durch nichts dargestellt. Aber die Erfindung der Null durch die Inder, die dann die Araber in das westliche Europa brachten, ist die Grundlage für unsere Zahlendarstellungen und unser – relativ einfaches – Rechnen.

Spätestens seit dem Jahre 1202 ist die Null auch im Abendland bekannt; damals hat nämlich der italienische Rechenmeister Fibonacci sein Buch *Liber abbaci* (Das Buch des Abakus) veröffentlicht, in dem er die Erfindung der Null mitsamt allen daraus erwachsenden Vorteilen schildert.

Wie war das mit der 40? Langweilig, uninteressant, nichts drin und nichts dran? Ich hoffe, Sie vom Gegenteil überzeugt zu haben!

Übrigens: Man kann an jeder Zahl Interessantes, Spannendes, Wichtiges und Überraschendes entdecken – wenn man nur genau genug hinschaut!

38 Der erstaunliche Boden der Tankstelle

Der Mathematiker tankt an einer Tankstelle nicht einfach nur – er grübelt auch über Rätselhaftes: Warum bloß besteht der Boden aus sechseckigen Platten?

Manchmal merkt man seinen Kindern an, dass sie einen Trumpf im Ärmel haben und es kaum erwarten können, ihn auszuspielen. Ich weiß nicht wirklich, woran ich das erkenne: an der aufmerksamen Haltung, den zuckenden Mundwinkeln oder an den glitzernden Augen?

Neulich hatten wir wieder eine solche Situation. Wir wollten mit der ganzen Familie Freunde besuchen. Zu Beginn der Fahrt tankte ich das Auto noch einmal voll, und kaum waren wir wieder auf der Straße, fragte meine Tochter Maria: »Hast du an der Tankstelle mal auf den Boden geschaut?«

War es der scheinbar lässige Ton oder ihr lauernder Blick – ich merkte, dass sie etwas wusste, was ich nicht wusste. »Ich glaube«, steigerte sie die Spannung noch, »da war etwas, was dich interessiert.«

Klar: Sie wusste etwas. Auch klar: Sie würde nicht damit rausrücken, sondern ich musste es erraten. »Ist es etwas auf dem Boden?«, tastete ich mich vorsichtig vor. »Nein, es ist sozusagen der Boden selbst«, gab sie mir einen Tipp.

War der Boden an der Tankstelle homogen aus Asphalt gegossen? Nein, ich glaubte mich wenigstens daran zu erinnern, dass der Boden aus einzelnen Platten bestand. »Sind es die viereckigen Platten?« Das war offenbar die falsche Frage! Denn an Marias Reaktion merkte ich, dass sie die Frage nicht direkt beantworten konnte. Dann aber drängte das Geheimnis aus ihr heraus: »Hast du mal geschaut, ob es überhaupt viereckige Platten sind?«

Das also war des Pudels Kern! Ich überlegte. Sicherlich wurde nur ein Typ von Platten verwendet. Und vermutlich waren die Platten auch reguläre Vielecke. Dann kamen nur Dreiecke, Quadrate und Sechsecke in Frage. Das wusste schon Johannes Kepler. »Die Platten sind keine Vierecke?«, fragte ich vorsichtig. Und sie antwortete korrekt: »Ja, die Platten sind keine Vierecke.«

»Dann müssen es Dreiecke oder Sechsecke sein«, spielte ich meinen mathematischen Vorsprung aus. »Und warum?« Na ja, wenn sie wollte, konnte ich ihr den Satz von Kepler beweisen: »Mit Fünfecken kann es nicht funktionieren, denn sie passen nicht gut zusammen. Wenn man an einer Ecke drei zusammenlegt, bleibt eine Lücke, wenn man vier zusammenfügen möchte, überlappen sie sich.«

»Und wie ist es mit Siebenecken oder Tausendecken?« Damit konnte Maria weder mich noch Kepler in Verlegenheit bringen. »Ab Siebenecken ist es ganz einfach. Der Winkel bei einem regelmäßigen n-Eck mit n größer oder gleich 7 ist schon so groß, dass man nicht einmal drei an einer Ecke zusammenfügen kann, ohne dass sie sich überlappen. Also kann man nicht einmal ein kleines Muster bilden, geschweige denn den ganzen Boden einer großen Tankstelle überdecken.«

Das schien sie zu akzeptieren. Aber dann stellte sie doch noch die Frage: »Also, was sind es dann? Dreiecke oder Sechsecke?« »Hm, mathematisch können wir das nicht entscheiden. Die Mathematik sagt nur: Es könnten sowohl Dreiecke als auch Sechsecke sein.«

»Das ist aber schwach!« Es ist immer wieder unglaublich, welches Zutrauen manche Menschen in die Mathematik haben. »Soll ich dir's sagen?«, fragt sie. »Es bleibt gar nichts anderes übrig!« »Es sind – Sechsecke. Sieht aus wie gigantische Bienenwaben.«

»Wow!« Mein Erstaunen war echt. Da fiel mir noch etwas ein: »Ich könnte mir jetzt aber doch eine quasimathematische Erklärung denken.« »Hab ich doch gewusst.« »Bei einem Quadratmuster und einem Dreiecksmuster gibt es immer Linien, entlang deren die Platten verschoben werden könnten. Eine Sechseckspflasterung ist viel stabiler gegenüber solchen Schiebekräften.«

Mein Tipp: Schauen Sie das nächste Mal beim Tanken nach unten!

Wer findet die Fünfundvierzigste?

39

Der Namensgeber der Mersenne'schen Primzahlen: Marin Mersenne, französischer Theologe.

Jeder weiß, was eine Primzahl ist. 3 ist eine, 5 ist eine, 6 ist keine. Die Mathematiker definieren sauber: Eine natürliche Zahl ist eine Primzahl, wenn sie nur durch 1 und sich selbst ohne Rest teilbar ist. Die Betonung liegt auf dem »nur«; denn jede Zahl ist durch 1 und sich selbst teilbar, die Primzahlen sind genau die, die keine anderen Teiler haben. Üblicherweise zählt man die Zahl 1 nicht zu den Primzahlen; die Folge der Primzahlen beginnt also wie folgt: 2, 3, 5, 7, 11, 13, 17 ... Jeder kann Fragen zu diesen bemerkenswerten Zahlen stellen. Das Problem ist nur, dass diese Fragen in der Regel unglaublich schwer zu beantworten sind. Wie lautet die nächste Primzahl? Gibt es eine Formel für die Primzahlen? Wie viele Primzahlen gibt es denn?

Zumindest die letzte Frage ist ausnahmsweise leicht zu beantworten: Es gibt unendlich viele Primzahlen – die Folge der Primzahlen hört nie auf, es gibt immer eine noch größere! Das steht schon im ersten Mathe-Buch der Welt, in den *Elementen* des Euklid (ca. 300 v. Chr.).

Aber: Obwohl man weiß, dass es mit den Primzahlen immer weitergeht, hat man keine Ahnung, wie es weitergeht. Seit Jahrhunderten suchen die Mathematiker nach immer größeren Vertretern dieser vertrackten Zahlen. Obwohl es sicher ist, dass kein Weltrekord auf ewig Bestand hat, wird doch die jeweils größte Primzahl überschwänglich gefeiert.

Die Weltrekorde werden mit einer speziellen Sorte von Primzahlen erzielt, den so genannten Mersenne'schen Primzahlen, die nach dem französischen Theologen

Marin Mersenne (1588–1648) benannt sind. Dieser Universalgelehrte interessierte sich neben der Theologie auch für Akustik, Musik und Mathematik. Mersenne'sche Primzahlen sind vom Typ $2^n - 1$, also Zweierpotenz minus eins. Manchmal ist das eine Primzahl, oft auch nicht. Zum Beispiel sind $2^2 - 1$ (= 3), $2^3 - 1$ (= 7) und $2^5 - 1$ (= 31) Primzahlen, aber $2^4 - 1$ (= 15) nicht.

Man kann sich überlegen, dass man nur dann eine Chance hat, eine Primzahl zu erhalten, wenn die Hochzahl selbst eine Primzahl ist. Zum Beispiel wissen wir, dass $2^{1000} - 1$ keine Primzahl ist, ohne dass wir diese Zahl ausrechnen und testen müssen.

Aber längst nicht für jeden Primzahlexponenten ist die entsprechende Zahl eine Primzahl. Bis vor kurzem kannte man schlappe 43 Stück. Ob es unendlich viele Mersenne'sche Primzahlen gibt, ist eine ungelöste Frage, aber kaum ein Mathematiker zweifelt daran, dass die Antwort »ja« lautet.

Am 4. September 2006 war es wieder einmal so weit: An diesem Tag wurde die 44. Mersenne'sche Primzahl gefunden; sie lautet $2^{32\,582\,657} - 1$, also zwei hoch gut 30 Millionen minus eins. Eine wahnsinnig große Zahl! Ausgeschrieben hat sie sage und schreibe 9 808 358 Ziffern! Eine Zahl, die um viele, viele Größenordnungen größer ist als die Anzahl der Atome im Universum. In diesen luftigen Höhen kann man nicht blind suchen, sondern muss sehr präzise mathematische Methoden anwenden, die einem genau sagen, was man zu tun hat.

Übrigens: An der Suche nach der 45. Mersenne'schen Primzahl können Sie sich beteiligen. Auch auf Ihrem Rechner kann ein Teil der Suche nach dem nächsten Weltrekord laufen – und vielleicht haben Sie Glück, und Ihr Rechner findet die 45. Mersenne'sche Primzahl. Schauen Sie doch mal nach unter www.mersenne.org.

40 Die Powerzahl

Mit der Zahl 21 lässt sich herrlich spielen: Sieben Partygäste stoßen an – jeder mit jedem. Die Gläser erklingen genau 21-mal.

Meine Tochter Maria schafft es, sich mit einem Wimpernschlag von einem liebenswerten, ausgeglichenen Wesen in eine Kratzbürste zu verwandeln, vor der man sich tunlichst in Acht nimmt. Zum Beispiel, wenn ich von früheren Zeiten erzähle. Vor ein paar Tagen hatte ich wieder einmal die Todsünde begangen: Wenn sie früher leben würde, so erklärte ich ihr, wäre sie überhaupt noch nicht volljährig. Denn damals sei man erst mit 21 volljährig geworden. »Was ist denn das für eine blöde Zahl?«, bellte sie. »Wohl ne mathematische?«

Das konnte ich nicht auf mir sitzen lassen. Ich legte los, ohne auf ihr Gesicht zu schauen, das vermutlich pure Abscheu zeigte. »Die Zahl 21 ist unglaublich spannend und steckt voller Geheimnisse!«

Ich achtete nicht darauf, dass Maria sich abwandte. »21 ist schon richtig groß, man muss gut zählen können, um bis zu ihr zu kommen. Bis zehn hat jede Zahl einen Eigennamen: Eins, zwei, drei … Dann kommen elf und zwölf. Von da an geht es schon einigermaßen systematisch weiter: 13, 14, 15 … Dann kommt 20. Und ab da geht es immer nach dem gleichen Schema weiter. Wer 21 sagen kann, der weiß, wie's weitergeht. Insofern ist 21 die erste Zahl, die uns einen Ausblick auf die Unendlichkeit bietet.«

Maria schaute mich an mit einem Blick, der ernste Zweifel an meiner Zurechnungsfähigkeit ausdrückte. Ich ließ mich nicht beirren: »Wenn sieben Menschen auf einer Party zusammenstehen und jeder mit jedem einmal anstößt, dann klingelt's genau 21-mal.«

Und nun kam ich in Fahrt: »Apropos sieben: 21 ist 3 mal 7. Dadurch wird die Zahl 21 in zwei außerordentlich interessante Zahlen zerlegt. Die 3 ist die erste richtige Zahl, die erste Zahl, an der man spürt, was Zählen bedeutet beziehungsweise was eine Zahl ist. 3 ist die heilige Zahl. 7 ist dagegen eine der am wenigsten angepassten und damit eine der bemerkenswertesten Zahlen überhaupt: 7 Zwerge hinter den 7 Bergen, die 7 Todsünden, über 7 Brücken musst du gehen und so weiter. Schließlich: 3 und 7 sind Primzahlen! Primzahlen gibt es ohne Ende, bis zur Zahl 21 schon 8 Stück: 2, 3, 5, 7, 11, 13, 17 und 19.«

Maria wusste nicht, wie ihr geschah. Daher nutzte ich meine Chance: »Apropos acht: Man kann die Zahl 21 auch mit Hilfe der Zahl 8 zerlegen: 21 ist nämlich gleich 8 + 13. Hier kommen zwei Zahlen zusammen, die verschiedener gar nicht sein können. Die Zahl 8 repräsentiert eine vollkommene, fast schon aufdringliche Symmetrie! Die Zahl 2 symbolisiert das Gegenüber, die Symmetrie: Ich und du, Mann und Frau, rechts und links. Die Zahl 4 ist die verdoppelte Symmetrie, und 8 ist die nochmals verdoppelte Symmetrie. Demgegenüber die 13: Jetzt schlägt's 13, die Wilde 13, das ›Teufelsdutzend‹, die Unglückszahl, 13 Personen beim Letzten Abendmahl, Apollo 13, die um 13 Uhr 13 startete und die am 13. April 1970 die berühmten Worte aussandte: ›Houston, we have a problem‹, und selbstverständlich eine Primzahl.«

Jetzt schaute mich Maria unverwandt an. Ich setzte noch eins drauf: »Und diese beiden Zahlen vereinigen sich aufs Schönste zu der Zahl 21. Denn ihr Verhältnis 13 : 8 ist das Maß für Schönheit überhaupt, nämlich der Goldene Schnitt: Wenn man eine Strecke von 21 cm

Länge in zwei Strecken von 8 und 13 cm aufteilt, dann ist diese Aufteilung genau der Goldene Schnitt, jedenfalls bis auf weniger als ein Prozent, eine Abweichung, die mit dem bloßen Auge nicht zu erkennen ist.«

Ich war fertig. »Hättest du gedacht, dass in der Zahl 21 so viel Power steckt?«

Maria schluckte, schaute mich einige Sekunden lang an, schluckte noch einmal und hatte dann ihre Sprache wiedergefunden: »Laber mich ruhig zu. Aber wenn du denkst, dass damals das Alter für die Volljährigkeit deswegen auf 21 festgesetzt wurde, dann hast du dich getäuscht!« Sprach's und verschwand.

41 Eine sehr einseitige Angelegenheit

Das Möbiusband verwirrt das Auge.
Es wirkt rätselhaft, obwohl das Gehirn signalisiert:
alles ganz einfach. Hinter der Ästhetik des geschlungenen
Streifens steckt eine gute Portion Mathematik.

Das ist schon eine verrückte Sache. Ein in sich verschlungenes Band, dessen Attraktion aus der Spannung rührt, dass es zunächst undurchschaubar wirkt, man aber intuitiv doch spürt: Die Sache ist »eigentlich« ganz einfach.

Alles begann mit dem deutschen Mathematiker August Ferdinand Möbius (1790–1868). Dieser kam im Jahre 1858 auf die Idee, ein Papierband nicht »einfach so« zusammenzukleben, sondern vor dem Zusammenkleben ein Ende um 180 Grad zu drehen. Damit war das Möbiusband geboren! Allerdings glaube ich, dass schon viele Menschen vor Möbius ein Band so zusammengefügt haben; Möbius war aber der Erste, der dieses Objekt als ernst zu nehmendes mathematisches Thema betrachtet hat.

Was ist das Besondere am Möbiusband? Wenn man einen Papierstreifen »normal« zusammenklebt, gibt es Innen und Außen: Man kann die Außenseite mit einer Farbe, die Innenseite mit einer anderen bemalen. Es gibt auch zwei Kanten: eine oben und eine unten.

Beim Möbiusband ist alles anders. Der Unterschied von Innen und Außen ist aufgehoben: Wenn man an einer Stelle anfängt, das Band anzumalen, und immer weiter malt, hat man am Ende das gesamte Band bemalt! Das heißt: Das Möbiusband hat nur eine Seite – eine sehr einseitige Sache. Und es besitzt auch nur eine Kante. Wenn man mit der Hand am Rand entlangstreicht, kommt man ohne abzusetzen überallhin.

Richtig spannend wird es, wenn Sie ein Möbiusband

aus Papier längs seiner Mittellinie durchschneiden. Ich kann dieses Experiment nur empfehlen, denn es passiert etwas Erstaunliches! Zerfällt das Band in zwei Teile? Keineswegs: Es entsteht ein einziges, doppelt so langes, dafür nur halb so breites Band! Das ist kein Mysterium, sondern man kann es erklären: Gerade haben wir gesehen, dass das Zauberband nur eine einzige, durchgehende Randlinie hat. Da diese beim »Halbieren« nie durchgeschnitten wird, muss das Ergebnis immer noch aus einem Stück bestehen.

Noch überraschender ist das Ergebnis, wenn man ein Möbiusband bei einem Drittel durchschneidet: Stechen Sie ein Drittel von der rechten Kante entfernt ein und schneiden Sie das Möbiusband durch, indem Sie immer den gleichen Abstand von der rechten Kante halten. Was passiert? Jetzt zerfällt das Band – in zwei Teile: ein schmales Möbiusband und ein doppelt so langes Band, und diese beiden hängen ineinander!

Auch dies kann man sich klarmachen: Stellen wir uns vor, wir machen den ersten Versuch (Halbieren) so, dass ein breiter Streifen in der Mitte herausgefräst wird. Dann ist der Rest das doppelt so lange Band und der herausgefräste Teil ein schmales Möbiusband.

Übrigens: Das Möbiusband ist nicht nur ein ideales Objekt, an dem wir unsere Raumvorstellung erproben können, sondern es hat auch Anwendungen. Erinnern Sie sich noch an jene ferne Zeit, als wir für Schreibmaschinen und Drucker ein Farbband verwendeten? Man musste dazu die Kassette, die das Band enthielt, in die Maschine schieben. War die Druckerfarbe der einen Seite aufgebraucht, musste man die Kassette herausnehmen und umdrehen. Bei manchen Kassetten war dies überflüssig – denn das Band war wie ein Möbiusband geführt, so dass beide Seiten gleichmäßig abgenutzt wurden.

Roteiro – der EM-Ball

42

Mit Fußball hat sich der griechische Philosoph Platon zwar nicht beschäftigt, aber mit den mathematischen Grundlagen für runde Körper aus regelmäßigen Vielecken.

Demnächst rollt wieder der Ball. Wenn die Fußballeuropameisterschaft begonnen hat, werden die Zeitungen und die Fernsehprogramme voll sein von den Berichten aus den Trainingslagern, Experteninterviews – und den Wehwehchen der Spieler. Die Emotionen werden hochkochen, die Spiele werden mal so, mal so sein – und wenn alles vorbei ist, hat es jeder eigentlich schon vorher gewusst.

Dabei gerät leicht die Hauptsache aus dem Blick, der Fußball selbst. Der Ball, das Objekt der Begierde. Natürlich muss zu jedem internationalen Großereignis der Ball neu designt werden – sonst würde ja niemand neue Bälle kaufen. Diesmal hat man sich etwas besonders Attraktives einfallen lassen. Der EM-Ball ist silbern und erinnert an die Erdkugel, die aufgemalten Linien symbolisieren die Längen- und Breitengrade. Die große Entdecker- und Eroberertradition Portugals lebt wieder auf. Am deutlichsten wird das beim Namen des Balles: Roteiro, so hieß das Logbuch des portugiesischen Entdeckers und Seefahrers Vasco da Gama (1469–1524).

Die schönste Oberfläche des Balls kann aber nicht verbergen, wie es drunter aussieht, das heißt, aus welchen Teilen der Fußball zusammengenäht wurde. Das sind regelmäßig angeordnete Vielecke, und zwar Sechsecke und Fünfecke. Wenn Sie den Roteiro in die Hand nehmen, fühlen Sie es. Sie können sich aber auch einen Fußball vorstellen. Dann denken Sie sicher an einen schwarzweißen Ball, bei dem die schwarzen Flecken irgendwie gleichmäßig verteilt sind. Die schwarzen Teile sind die Fünfecke und die weißen die Sechsecke.

Ihre Vorstellung sagt Ihnen, dass ein Fußball im Grunde weiß ist und nur einzelne schwarze Flecken hat. Dies ist richtig: Es gibt 20 (weiße) Sechsecke und nur zwölf (schwarze) Fünfecke. Mit Sechsecken allein wäre man aufgeschmissen. Denn Sechsecke passen so perfekt zusammen, dass sie eine Ebene bilden. Da jeder Winkel genau 120 Grad beträgt, addieren sich drei zu 360 Grad, dem ebenen Vollwinkel. Mit anderen Worten: Mit regulären Sechsecken entsteht beim besten Willen nichts Fußballähnliches. Mit Fünfecken allein könnte man einen halbwegs »runden« Körper machen: Zwölf Fünfecke ergeben den Dodekaeder (Zwölfflächner), einen der »platonischen Körper«, den schon der griechische Philosoph Platon vor über 2000 Jahren untersucht hat.

Aber der Dodekaeder wäre für die heutigen Ballartisten mit ihrer filigranen Technik viel zu unrund. Deshalb hat man den Fußball mit seinen 32 Teilen gewählt, der einen Kompromiss zwischen optimaler Rundung und überschaubarer Anzahl der Teile darstellt. Weitere Möglichkeiten, Körper aus regelmäßigen Vielecken zu bilden, habe ich Ihnen in meinem Beitrag »Der Irrtum des Herrn Herberger« gezeigt.

So ein Fußball muss auch hergestellt werden. Die Teile werden zusammengenäht, und zwar so, dass alle Nähte innen sind. Wie geht das? Ihre spontane Meinung, dass der Ball links genäht und dann nach rechts umgestülpt werde, kann nicht richtig sein – denn sonst müssten Sie ja den Ball auch wieder nach links stülpen können!

Aber im Grunde ist diese Vorstellung schon richtig: Der Ball wird so lange links genäht, bis man ihn gerade noch umstülpen kann. (Dazu sind kleine, kräftige Hände nützlich, deshalb werden viele Bälle von Kindern gefertigt. Auf Ihrem steht aber sicher, dass er nicht in Kinderarbeit hergestellt wurde.) Nach dem Umstülpen sind noch nicht alle Nähte fertig. Diese werden jetzt genäht, und zwar mit großen, groben Stichen, die so organisiert werden, dass man am Ende nur an einem Faden ziehen muss – und alles zieht sich zusammen!

Mein Tipp für die Europameisterschaft: Wenn Sie zu viel Frust mit Ihrer Mannschaft erleben, dann denken Sie doch einfach an die mathematischen Schönheiten des Fußballs!

Die vierte Dimension – ganz einfach

43

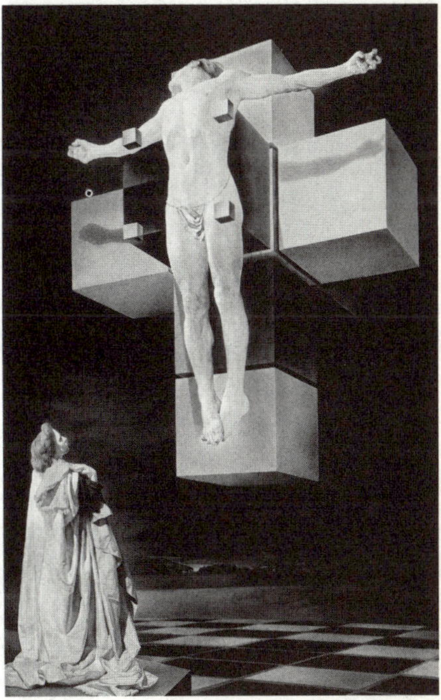

Wie kann man sich den vierdimensionalen Raum vorstellen? Geht das überhaupt? Salvador Dalí hat das Problem künstlerisch angepackt.

»Kannst du dir die vierte Dimension vorstellen?«, fragte mich unlängst mein Freund Peter. Wir treffen uns einmal im Monat, reden über dies und das und trinken dabei das eine oder andere Bier. Mir war es fast peinlich, ihm antworten zu müssen: »Vorstellen? Nein!« Rechnen können wir Mathematiker in vierdimensionalen Räumen ohne Probleme. »Aber wenn ich ehrlich bin, übersteigt der vierdimensionale Raum meine Vorstellungskraft.« Peter war enttäuscht: »Das hätte ich von einem Mathematiker aber erwartet.«

Was sagt man darauf? Guter Rat war teuer, und so schauten wir in unsere Biergläser, nahmen noch einen Schluck und stellten die Gläser wieder ab. Da kam mir eine Idee: »Vielleicht kann ich dir doch was erklären. Du weißt doch, was ein Würfel ist. Es gibt auch einen vierdimensionalen Würfel, einen Würfel im vierdimensionalen Raum. Und ich kann dir alles über diesen vierdimensionalen Würfel erzählen.«

»Das hört sich schon besser an«, murmelte Peter und forderte mich auf: »Dann mal los mit deinem 4-D-Würfel!« Ich griff nach einem Bierdeckel und sagte: »Zuerst gehen wir vom dreidimensionalen Würfel einen Schritt zurück und betrachten einen 2-D-Würfel.« »Wie bitte?« Peters Erstaunen war echt. »Ein zweidimensionaler Würfel ist nichts anderes als ein Quadrat.« Das verstand er sofort: »Klar, lauter rechte Winkel und vier Ecken.«

»Wunderbar. Zählen wir zuerst die Ecken. Das Quadrat hat vier, der Würfel acht und der 4-D-Würfel also« – ich machte eine kleine Pause, um ihm eine Chance zu geben – »genau: 16.« »Und wie viele Kanten?« Peter war mutig geworden. »Schauen wir uns zunächst mal an, wie viele Kanten durch eine Ecke gehen. Beim Quadrat sind es zwei, beim Würfel drei, und beim vierdimensionalen Würfel«, hier hob ich suggestiv die Stimme, »sind es vier.«

»Was gibt es noch?« »Gute Frage. Pass mal auf. Beim Quadrat gibt es Kanten, beim Würfel Quadrate und bei unserem 4-D-Würfel also – 3-D-Würfel!« »Aber wie viele?«, fragte Peter. »Wenn du es wirklich wissen willst: Wie viele 3-D-Würfel sitzen an einer Ecke des 4-D-Würfels?«

»Es gibt vier Kanten – und je drei bilden einen Würfel. Und da man aus vier Kanten auf genau vier Weisen drei auswählen kann, gibt es vier 3-D-Würfel an jeder Ecke.«

»Das heißt insgesamt ...« »Na ja. 16 Ecken mal 4. Das gibt 64. Aber jeder 3-D-Würfel hat 8 Ecken und kann von jeder Ecke aus betrachtet werden. Also gibt es insgesamt genau 64 geteilt durch 8, gleich 8 normale Würfel im 4-D-Würfel.« Peter nahm einen tiefen Schluck. »Vorstellen kann ich mir den 4-D-Würfel aber immer noch nicht.« »Pass auf. Wie würdest du einen normalen 3-D-Würfel bauen?«

Das wusste Peter: »Könnte man die Seitenflächen schon so zusammenhängend ausschneiden, dass man nur wenige Kanten kleben muss?«

Nach einer Sekunde fiel es Peter ein: »Vier Quadrate in einer Reihe von oben nach unten und dann noch rechts und links eins dran.«

»Super!«, sagte ich. »Das nennt man ein Netz des Würfels. Und genauso geht es auch beim 4-D-Würfel.«

»Wieso – genauso?«

»Natürlich mit einer Anpassung. Das Netz ist im dreidimensionalen Raum, nicht in der Ebene und besteht aus normalen 3-D-Würfeln. Vier übereinander, und dann noch einer rechts, einer links, einer vorn und einer hinten.«

»Und das soll ich mir vorstellen können?«

»Warum nicht, ist doch nur im dreidimensionalen Raum!«, lästerte ich. »Salvador Dalí hat ein Bild mit genau dieser Konstruktion gemalt, eine Kreuzigungsszene, wobei das Kreuz das Netz eines 4-D-Kubus ist.«

»Wie üblich bei Dalí. Gotteslästerlich, aber genial«, behielt Peter wie immer das letzte Wort.

Die Primzahlen der Zikaden

44

Das Lebensziel der amerikanischen Zikaden besteht im Fressen – gegen das Gefressenwerden schützen sie sich mit mathematischer Raffinesse.

Im Sommer 2004 war es wieder so weit. Nordamerika wurde über Nacht von Myriaden von Zikaden überfallen. Für manche ein Grund zur Freude: Gourmets schätzen Zikaden als wahre Gaumenkitzler. Und die Katzen lebten für kurze Zeit im Schlaraffenland – sie brauchten nur den Mund aufzumachen, und schon flog ihnen wieder ein Leckerbissen hinein.

Für die meisten betroffenen US-Bürger waren die Zikaden dagegen eine Plage. Es waren viel zu viele – man musste die Wege frei kehren. Sie sind, wo immer sie auftauchen, zu laut: Die Insekten machen einen Krach wie ein Rasenmäher, und zwar Tag und Nacht. Und für viele Menschen sind sie einfach ekelerregend.

Nach ein paar Wochen war der ganze Spuk wieder vorbei. Die Zikaden hatten gefressen, was das Zeug hielt, und sich vermehrt wie die Weltmeister. Die Larven schlummerten am Boden und warteten auf ihr zukünftiges Leben. Übrig geblieben waren nur die Haufen toter Zikaden, die man mit Besen und Kehrschaufel oder Laubsauger entsorgen musste.

Die Menschen konnten wieder aufatmen. Denn die Zikaden kommen im nächsten Jahr nicht wieder, auch nicht im übernächsten, und auch nicht in drei Jahren. Aber irgendwann werden sie wiederkommen. Nein, nicht irgendwann, sondern in genau 17 Jahren!

17? Warum ausgerechnet 17? Können Zikaden überhaupt so weit zählen? Na ja, es gibt Arten, die kommen schon nach 13 Jahren wieder, und manche erscheinen bereits nach sieben Jahren. Merkwürdige Zahlen, mögen Sie sich wundern, aber es sind bemerkenswerte Zahlen, nämlich Primzahlen. Und es ist kein Zufall, dass Zikaden im Rhythmus von Primzahlen wiederkehren.

Denn damit schlagen die Zikaden möglichen Räubern ein Schnippchen. Wie das? Da hilft ein bisschen Mathematik: Nehmen wir einmal an, eine Zikadenart würde in einem zwölfjährigen Rhythmus auftreten. Angenommen, ihre Fressfeinde würden auch nicht jedes Jahr auftreten, sondern nur alle paar Jahre. Die Räuber haben sich im ersten »gemeinsamen« Jahr an den Zikaden satt gefressen und möchten natürlich beim nächsten Auftreten der Zikaden wieder in diesen Genuss kommen. Wenn nun die Räuberart jedes zweite Jahr auftritt, dann kommt sie im Jahr 2, 4, 6, 8, 10 – also während des Zikadenschlafs – und muss sich notdürftig ernähren. Aber im zwölften Jahr, wenn die Zikaden wieder kommen, sind auch die Räuber zur Stelle und haben leckere Zikaden in Hülle und Fülle. Auch wenn die Räuber einen Drei- oder Vierjahresrhythmus haben, erwischen sie die Zikaden bei deren nächstem Auftreten. Mit anderen Worten: Solche zwölfjährigen Zikaden wären schon längst ausgestorben!

Nun haben Zikaden aber, geschickt, wie sie sind, keinen zwölfjährigen, sondern einen 17-jährigen Rhythmus. Wenn die Räuber alle zwei Jahre wiederauftauchen, treffen sie sich erst nach 34 Jahren, und wenn die Räuber einen dreijährigen Rhythmus haben, erwischen sie die Zikaden gar erst nach 51 Jahren wieder! Auch die Zikaden mit einem 13-jährigen Rhythmus sind ziemlich sicher vor dem Gefressenwerden: Wenn ihre Feinde alle drei Jahre auftauchen, haben diese erst nach 39 Jahren wieder etwas zu fressen.

Der Mathematiker betrachtet dies und staunt: Mit Primzahlen schützen sich die Zikaden vor dem Aussterben. Das ist eine fast perfekte Methode: Denn die Fressfeinde haben offensichtlich keine Gegenstrategie.

Egal, ob die Räuber gut oder schlecht in Mathe sind: Gegen die Macht der Primzahlen haben sie keine Chance!

Zahlenkarussell 45

Eine simple Scheibe mit sechs beliebigen Zahlen – so scheint es. Doch »das Ding« hat ein ungeahntes mathematisches Potenzial.

Ich erinnere mich ganz genau. Ich war im dritten Schuljahr und hatte gerade gelernt, wie man schriftlich multipliziert, da zeigte mir mein Vater etwas. Er warf »das Ding« wortlos und betont beiläufig auf den Tisch und setzte sich. Aber sein Blick und vor allem seine Mundwinkel verrieten, dass an dem Ding etwas Besonderes sein musste. »Das Ding« war eine kleine runde Pappscheibe, auf der ringsum Zahlen standen – nicht in der normalen Reihenfolge 1, 2, 3, 4, 5 … auch nicht in einer Einmaleinsreihenfolge, wie zum Beispiel 2, 4, 6, 8 … Die Zahlen standen irgendwie durcheinander.

»Wie viele Zahlen stehen auf der Scheibe?« Aha, Papa wollte mich doch zu dem Geheimnis führen. Ich zählte: »1, 2, 3, 4, 5, 6. Sechs Zahlen.« »Und welche Zahlen sind es?« Ich las sorgfältig die Zahlen der Reihe nach vor: »1, 4, 2, 8, 5, 7. Was sollen denn das für Zahlen sein?«

»Du hast bis jetzt nur die einzelnen Ziffern, also die Bausteine der Zahlen gelesen. Man kann diese sechs Ziffern auch zu einer Gesamtzahl zusammensetzen.« Er schrieb die Zahl 142 857 auf ein Blatt Papier und fragte: »Wie heißt diese Zahl?« Da mich große Zahlen schon lange begeistert hatten, konnte ich diese Zahl fließend lesen: »Einhundertzweiundvierzigtausendachthundertsiebenundfünfzig«.

»Aber«, führte mich mein Vater weiter, »man könnte auch an einer anderen Stelle beginnen und rundherum lesen. Zum Beispiel 428 571.« »Vierhundertachtundzwanzigtausendfünfhunderteinundsiebzig«, assistierte ich ihm.

»Ja«, fuhr er fort, »oder 285 714 oder 571 428 ...« »Oder«, fiel ich ihm ins Wort und drehte die Scheibe, »oder 714 285 oder 857 142.«

»Nimm mal die erste Zahl und multipliziere sie mit zwei!« »Also die Einhundertzweiundvierzigtaus ...?« »Ja, genau die.«

Ich nahm das Blatt und begann zu rechnen. Das war nicht schwer. Nach kurzer Zeit hatte ich das Ergebnis: 285 714.

»Fällt dir was auf?«, fragte mein Vater, und seine Mundwinkel zuckten verräterisch, als er mir, wie zufällig, die Zahlenscheibe hinlegte.

Ja, da war sie. Wenn man die Scheibe drehte, stand diese Zahl da! Unglaublich.

»Multipliziere die erste Zahl mal mit drei.« Natürlich hatte ich sofort einen Verdacht – aber das konnte doch einfach nicht sein! Aber ich rechnete und erhielt $142\,857 \cdot 3 = 428\,571$ – wieder eine Zahl aus der Liste. Mein Vater musste nichts mehr sagen. Er sagte auch nichts, sondern ließ mich rechnen:

$$142\,857 \cdot 4 = 571\,428,$$
$$142\,857 \cdot 5 = 714\,285,$$
$$142\,857 \cdot 6 = 857\,142.$$

»Ist das nicht unglaublich?« Papa hatte die Fähigkeit, auch über Sachen zu staunen, die er schon kannte. »Eine sechsstellige Zahl, bei der man die Ergebnisse der Multiplikation mit den Zahlen 1, 2, 3, 4, 5, 6 erhält, indem man die Zahl ein Stück Karussell fahren lässt!«

»Toll! Gibt es noch andere solche Zahlen?« Seine Antwort habe ich damals bestimmt nicht verstanden. Sie ist nämlich etwas kompliziert. Wenn man den Bruch $1/7$ ausrechnet, ihn also als Dezimalbruch darstellt, ergibt sich $1/7 = 0,\overline{142857}$. Der Oberstrich bedeutet, dass es sich um einen »periodischen« Dezimalbruch handelt, also einen, der ausgeschrieben so aussieht: 0,142857142857142857 …

Bei $^1/_7$ hat die Periode die größtmögliche Länge, nämlich 1 weniger als der Nenner. Der nächste Bruch mit dieser Eigenschaft ist $^1/_{17} = 0,\overline{0588235294117647}$. Die Periode hat 16 Stellen. Und auch die Zahl 0 588 235 294 117 647 hat die »Karusselleigenschaft«. Das bedeutet, dass das Ergebnis der Multiplikation mit den Zahlen 1, 2, 3 … 16 stets eine zyklische Verschiebung der Ausgangszahl ist. Man erhält immer eine »Karussellzahl« (in der Fachliteratur »zyklische Zahlen« genannt), wenn der Bruch $1/p$ die größtmögliche Periode, also eine Periode der Länge $p-1$ hat.

Das wusste mein Vater nicht, und ich hätte es damals auch nicht verstanden. Aber an die simple Pappscheibe mit den sechs Ziffern kann ich mich bis heute erinnern.

Würfelspiele 46

Die Autofahrt in den Urlaub ist für Kinder oft eine hoch langweilige Angelegenheit. Wie gut, wenn man dann einen Vater hat, der ein Spiel mit nur einem Würfel kennt.

Wir fahren in den Urlaub, mit dem Auto. Unsere Kinder Christoph und Maria sitzen hinten in den Kindersitzen, schwitzen und lassen ihren Unmut am Vater aus, der auch noch Auto fahren muss. Alle Kassetten wurden schon x-mal durchgenudelt. Die Süßigkeiten sind vernichtet, die Kühlbox ist warm.

»Weißt du noch ein Spiel?«, fragt Maria. Meine Frau hat eine Engelsgeduld. Sie zählt die Spiele auf, die sie im Laufe der Fahrt schon einmal gespielt haben, und fordert Maria auf, diese noch einmal zu spielen. Aber die hört offenbar überhaupt nicht zu: »Nein, ich will ein Würfelspiel!«

Auch das noch. Bestimmt fällt alles runter. Aber das macht nichts, denn der Boden vor den Rücksitzen ist ohnedies schon knöcheltief mit Müll bedeckt.

Mir kommt eine Idee: »Ich kenne ein Spiel, zu dem man nur einen einzigen Würfel und sonst nichts braucht.«

Meine Frau rückt einen Würfel heraus. Plötzlich ist auch Christoph interessiert: »Gib mir den mal!« Aber meine Frau entscheidet: »Jetzt ist erst mal Maria dran.« »Was muss ich mit diesem Würfel machen?«, fragt die.

Ich antworte mit einer Frage: »Wie lange musst du würfeln, bis du eine Sechs hast?«

Sie sagt nichts, sondern würfelt einfach: 1, 4, 4, 6. Dabei zählt sie und sagt stolz: »Ich musste nur viermal würfeln, bis ich die Sechs hatte!«

Christoph lästert: »Wenn du eine Drei gebraucht hättest, wärst du jetzt noch nicht fertig!« Maria lässt sich nicht beirren: »Gut, dann fang ich noch mal an.«

Da unterbreche ich Sie: »Nein, würfle einfach mal weiter, bis du alle Zahlen hast!«

»Alle Zahlen?«

»Ja, die Zahlen von 1 bis 6.«

»Gut. Ich hatte 1, 4, 4, 6.« Und sie fährt fort: »1, 2, 3, 6, 3, 4, 5.«

Sie staunt: »Insgesamt elfmal musste ich würfeln, bis alle Zahlen dran waren.«

Christoph lästert wieder: »Das ist aber schwach! Du kannst nicht würfeln! Lass mich mal!« Ich bleibe ruhig – denn das, was jetzt passiert, weiß ich im Voraus.

Christoph würfelt: 5, 6, 5, 4, 4, 2, 3, 5, 5, 4, 3, 6, 3, 1. Und auch er staunt: »14-mal!« Maria ist obenauf: »Du kannst es ja auch nicht besser!«

Auch das habe ich vorhergesehen. Nicht weil ich über hellseherische Kräfte verfüge oder besonders schlau bin, sondern weil ich weiß, was die Mathematik dazu sagt.

Ich erkläre es den Kindern: »Beim Würfel gibt es sechs Möglichkeiten. Dann dauert es, bis alle Möglichkeiten aufgetreten sind, nicht sechsmal …« »… sondern ein bisschen länger!«, unterbricht mich Maria. »Ja, aber es ist nicht nur ›plus‹ ein bisschen, sondern ›mal‹ ein bisschen.« Und zu meiner Frau sage ich: »Man muss sogar mit einer großen Zahl multiplizieren, mit knapp 2,5. Man braucht im Durchschnitt mehr als 14 Versuche!«

»Aber nicht immer!«, ruft der oberschlaue Christoph. »Es könnte auch sein, dass ich schon nach sechsmal alle Zahlen erwischt habe.«

»Ja. Das kann passieren. Es wird nicht sehr häufig passieren. Das Typische ist, dass man lange braucht, bis man alle Zahlen mal erwürfelt hat. Es ist also kein Wunder, dass es bei euch so lange gedauert hat. Ihr seid auch nicht zu blöd zum Würfeln. Sondern so ist es im Normalfall.«

Ich erzähle noch ein Beispiel: »Wenn es anfängt zu regnen …« »Das wäre jetzt toll!«, ruft der Rest der Familie wie aus einem Munde.

»Wenn es anfängt zu regnen«, setze ich noch einmal an, »dann ist die Erde nicht sofort komplett nass, sondern es dauert eine lange Zeit. Das ist genau das Gleiche wie mit den Würfeln. Wir könnten auf den Boden eine große Zahl von Quadrätchen malen. Dann werden die Regentropfen zunächst in ein paar der Quadrätchen fallen, in manche werden auch zwei oder mehr Tropfen fallen. Aber es müssen ganz schön viele Tropfen fallen, bis alle Quadrätchen nass geworden sind!«

47 Anfänge der Unendlichkeit

Den Beginn der Unendlichkeit erkennt der Mathematiker schon in kleinen Mustern – bei den Fliesen im Badezimmer oder in Andy Warhols One Hundred Campbell's Soup Cans.

»Phantastisch, diese unendliche Weite!«, rief meine Frau, als wir an einem Winternachmittag spazieren gingen und eine große, weite Schneefläche vor uns sahen.

Bei solchen Aussagen gerate ich immer in einen inneren Konflikt. Soll ich sie korrigieren und darstellen, was mathematisch dahintersteht, oder soll ich lieber ihre gute Stimmung erhalten?

Natürlich wählte ich die falsche Option: »Unendlich ist das nicht, sondern nur groß. Wir können uns vielleicht einbilden, dass die Schneeebene über alle Grenzen hinausgeht, aber in Wirklichkeit ist es nicht so, sie hört irgendwo auf.«

»Ich find's aber schön!« Dagegen konnte ich beim besten Willen nichts sagen.

»Das geht mir manchmal so«, erzählte sie weiter, »auch am Meer empfinde ich diese Unendlichkeit. Sogar besonders stark. Und wenn ihr Mathematiker damit nichts anfangen könnt, seid ihr selbst schuld!«

Nun musste ich aber doch die Ehre der Mathematik retten: »Wir können wohl etwas damit anfangen. Im Gegenteil: Wir sehen die Anfänge der Unendlichkeit auch in ganz unscheinbaren Objekten und Phänomenen. Wir brauchen dazu keine romantischen Naturschauspiele.«

»Was soll das heißen, ›Anfänge der Unendlichkeit‹?«

»Ist doch klar. In der Welt gibt es keine echte Unendlichkeit.« Sie runzelte die Stirn und schaute kritisch, ließ mich aber weitersprechen: »Alles ist begrenzt, alles hat irgendwo ein Ende. Das Schneefeld wird durch Straßen unterbrochen, das Meer ist von Ufern umgeben. Das wissen wir, auch wenn wir es nicht sehen oder nicht hinschauen.«

Sie schaute immer noch skeptisch, aber ich durfte weiterreden: »Wir sehen die Pflastersteine, über die wir gerade gehen. Sie sind regelmäßig in einer Reihe angeordnet. Das geht eine Zeit lang so, irgendwann hört es auf, aber wir können uns vorstellen, wie es weitergehen würde. Man kann die Pflastersteine zählen: 1, 2, 3 und so weiter. Ein Anfang von Unendlichkeit!«

Das überzeugte sie noch nicht, also legte ich nach: »Auch die Fliesen in unserem Badezimmer sind regelmäßig angeordnet. Nach links und rechts und nach oben und unten. Wir wissen genau, wie es weitergeht. Jeder Fliesenleger muss nicht für jedes Bad extra eine Konstruktionszeichnung machen. Auch bei den Fliesen kann man zählen, sogar in zwei Richtungen.«

»Wenn du das so siehst«, sagte meine Frau, immer noch reserviert, »dann gibt es viele solcher Anfänge der Unendlichkeit.«

»Sag ich doch. Zum Beispiel das Karomuster auf meinem Schal oder das Schachbrett, das Karopapier oder einen Zebrastreifen.«

Ich kam in Fahrt: »Auch in moderner bildender Kunst findet man die Anfänge der Unendlichkeit. Zum Beispiel bei Andy Warhol. Stell dir seine Bilder vor. 100-mal Marilyn Monroe oder 100-mal Campbell's Tomato Soup. Das Bild könnte sich nach allen Seiten ausbreiten. Man kann sich tausend oder eine Million – oder unendlich viele vorstellen. Denn wir wissen ja, wie's geht!«

Auf dem Heimweg erklärte ich noch: »Überall ist es so, dass wir im Kleinen ein Muster erkennen und wissen, wie sich das fortsetzt. Wir brauchen nur einen winzigen

Teil zu beherrschen und erfassen damit die Unendlichkeit.«

Meine Frau hörte gar nicht richtig zu. Als wir zu Hause waren, ging sie zielstrebig zum Bücherschrank, zog ein Buch heraus, blätterte ein bisschen, bis sie die richtige Stelle gefunden hatte. Dann ging ein freudiges Aufleuchten über ihr Gesicht, denn sie wusste, dass sie das letzte Wort behalten würde: »Hör mal zu, was der Schriftsteller Alfred Polgar im Jahr 1922 geschrieben hat. Das ist doch genau das, worüber wir gesprochen haben!« Sie las vor: »Der Teich ist klein. Aber wenn man, die Handflächen als Scheuklappen um die Augen wölbend, das Gesichtsfeld verengt und so die Ufer wegschneidet, kann man träumen, er sei unendlich groß.«

»Und Polgar«, schloss sie triumphierend, »fügte hinzu: ›Auf das Träumen allein kommt es an.‹«

Magische Quadrate 48

Hinter mancher Zauberei steckt nichts als Mathematik – und die ist oft ganz einfach, wenn man sie erst einmal begriffen hat!

Neulich habe ich mich richtig geärgert. Ich war zu einer Show eingeladen, in der ein mathematischer Zauberkünstler auftreten sollte. Ich dachte: Vielleicht kannst du ja noch was lernen. Aber es war die reinste Enttäuschung. Der »Künstler« verkaufte banale Dinge als großartige Leistungen – und ließ das Publikum im Unklaren darüber, wie wenig dahintersteckt.

Einer der »Höhepunkte« seiner Show war, dass er sich von einem Freiwilligen eine Zahl nennen ließ, »sagen wir zwischen 40 und 100«, und dann ein magisches Quadrat mit je vier Zeilen und Spalten aufzeichnete, so dass sich in jeder Zeile und Spalte genau diese Zahl als Summe ergab.

Nachdem sich mein Ärger gelegt hatte, dachte ich: »Das kann ich auch!« Und nachdem ich ein bisschen gesucht und ein bisschen überlegt hatte, war ich davon überzeugt. Inzwischen weiß ich: Das können auch Sie – denn das kann jeder! Es gibt verschiedene Methoden; eine besteht darin, sich das folgende Schema einzuprägen:

a+b	a	12a	7a
11a	8a	b	2a
5a	10a	3a	3a+b
4a	2a+b	6a	9a

Dabei können a und b beliebige Zahlen sein. Egal, welche Zahlen Sie einsetzen, es kommt immer ein magisches Quadrat raus! Wenn Sie zum Beispiel $a = 3$ und $b = 10$ wählen, dann erhalten Sie folgendes Quadrat:

13	3	36	21
33	24	10	6
15	30	9	19
12	16	18	27

Das ist nicht irgendein Quadrat, sondern eben ein magisches. Das Besondere daran: Die Summe der Zahlen in jeder Zeile und in jeder Spalte ergibt immer die gleiche Zahl. Addiert man die Zahlen in der ersten Zeile, erhält man $13 + 3 + 36 + 21 = 73$. Und die dritte Spalte ergibt: $36 + 10 + 9 + 18 = 73$. Das funktioniert immer. Sogar mit den Diagonalen klappt das: $13 + 24 + 9 + 27 = 73$ und $21 + 10 + 30 + 12 = 73$.

Schwierig? Ja, das muss ich zugeben. Aber es ist nicht wirklich schwierig. Im Grunde ist das Rezept nicht übermäßig kompliziert. Jede selbstgemachte Lasagne braucht mehr Organisation. Und jedes zwölfjährige Mädchen, das den Flohwalzer spielt, bringt eine größere Gedächtnisleistung.

Schauen wir uns das allgemeine Schema noch einmal an. Wenn man die Summe der Einträge einer Zeile oder einer Spalte berechnet, dann ergibt sich immer die »magische Zahl« $21a + b$. Auch in den Diagonalen. Sogar in den vier Zellen um die rechte obere Ecke. Und in denen links oben. Ebenso rechts beziehungsweise links unten.

Auch die vier Eckfelder oder die Felder in der Mitte ergeben die gleiche magische Summe $21a + b$. Und so weiter, und so weiter. Es klappt immer, die magische Summe ist immer gleich $21a + b$.

Wenn Sie das verstanden haben, können Sie sich in die Praxis wagen. Bitten Sie einen Freiwilligen, eine Zahl zu nennen, und fügen gewisse Vorgaben hinzu: »... sagen wir, zwischen 40 und 100.«

Angenommen, er nennt Ihnen die Zahl 88. Dann bestimmen Sie a und b ganz einfach: Ziehen Sie von 88 die Zahl 21 einmal, zweimal, dreimal oder viermal ab. Die Anzahl, wie oft Sie abziehen, ist a, der Rest ist b.

Wenn Sie $a = 3$ wählen, dann ergibt sich $b = 88 - 3 \cdot 21 = 25$. Und jetzt zaubern Sie das richtige magische Quadrat – und vergessen dabei nicht, so zu tun, wie wenn Sie heftigst nachdenken würden!

28	3	36	21
33	24	25	6
15	30	9	34
12	31	18	27

Also, wenn Sie in Zukunft so etwas sehen: Staunen Sie nicht! Sinken Sie nicht vor Ehrfurcht auf die Knie. Sondern sagen Sie: »Das ist ganz einfach, denn es ist Mathematik! Das kann ich auch!«

Sterne im Ramazzotti

49

Sicher ist auch Ihnen stets bewusst:
Wer den Inhalt eines halbvollen Glases in Drehung versetzt,
erzeugt ein perfektes mathematisches Paraboloid. Salute!

Zweimal im Jahr fahre ich nach Italien, um meinen Freund Franco zu besuchen. Natürlich bearbeiten wir immer ein wissenschaftliches Projekt. Aber wir sind auch einfach gerne zusammen. Franco kennt unglaublich viele Geschichten und erzählt sie so gut, dass nicht immer klar ist, ob sie wahr sind oder ob er sie – um sie besser erzählen zu können – etwas zurechtgedichtet hat.

Mehrfach am Tag suchen wir den Lieblingsaufenthaltsort eines Italieners auf: eine Bar. Wenn Franco sagt: »Beviamo un caffè!«, dann liegt in seiner Stimme eine raffinierte Mischung aus Aufforderung, Beschreibung einer Notwendigkeit und eines unabweisbaren Bedürfnisses, dem ich nie widerstehen kann. Ganz selten, und nur wenn er bester Stimmung ist, bestellt er sich etwas Alkoholisches, und zwar einen Ramazzotti, die italienische Antwort auf Jägermeister.

Eines Abends saß Franco da, bester Laune, bereit, Geschichten ohne Ende zu erzählen, und hielt seinen Ramazzotti in dem charakteristischen hohen Glas in der Hand. Er trank ihn nicht, sondern versetzte die dunkle Flüssigkeit durch eine geschickte Bewegung in Rotation. »Una forma matematica«, sagte mein Freund unvermittelt und schaute in sein Glas. Nun ist es keineswegs so, dass ich alles verstehe, was er sagt. Deshalb ging ich zunächst darauf gar nicht ein, sondern wartete einfach.

Er wiederholte: »Eine mathematische Form. Ich glaube, man benutzt sie für Teleskope.« Ich verstand immer noch nichts. Aber er würde es mir bestimmt erklären.

»Schau mal!« Er hielt sein Glas von oben mit allen fünf Fingern, brachte es in eine leichte, konstante Bewegung, so dass sich der Inhalt drehte und dabei eine wirklich schöne Form bildete: An den Wänden stieg die braune Flüssigkeit hoch, dafür sank sie in der Mitte ab. Franco wartete, bis ich sein Kunststück gewürdigt hatte, und sagte dann: »Das ist die Form eines Paraboloids. Und das verwendet man für Teleskope.«

Ich hatte zwei Fragen: »Was bedeutet Paraboloid?« »Wenn du dir eine senkrechte Schnittfläche denkst, dann ist die Kurve, die der Ramazzotti macht, eine Parabel. Das entsprechende räumliche Gebilde heißt Paraboloid.«

Meine zweite Frage lautete: »Was hat das mit Teleskopen zu tun?« »Das müsstest du wissen«, entrüstete er sich, war aber glücklich, es mir erklären zu dürfen. »Eine Parabel hat einen Brennpunkt, ein Paraboloid auch. Das bedeutet: Licht, das senkrecht einfällt, bündelt sich im Brennpunkt.« Er hielt das Glas unter eine Lampe und versuchte, den Brennpunkt zu demonstrieren. »In der Astronomie benutzt man riesige Parabolspiegel, um das bisschen Licht aus der Tiefe des Weltalls einzufangen und dann im Brennpunkt zu sammeln.«

Ich glaubte, verstanden zu haben: »Man schleift also einen großen Spiegel, der diese Ramazzotti-Form hat?«

»Du hast den Witz nicht verstanden! Man macht den Parabolspiegel aus Flüssigkeit. Und zwar aus Quecksilber, dem einzigen Metall, das bei normalen Temperaturen flüssig ist. Das riesige Ding, das einige Meter Durchmesser haben kann, mit dem flüssigen, silbern glänzenden Quecksilber versetzt man in Drehung. In eine ganz gleichmäßige Drehung. Dann bildet die Oberfläche ein Paraboloid. Wie beim Ramazzotti. Ein perfekt mathematisches Paraboloid. Nicht eines, das Menschen oder

Maschinen geschliffen haben. Sondern ein Paraboloid, das die Mathematik gemacht hat!«

Franco war zufrieden. Mit seiner Geschichte und mit sich selbst. Aber vor allem damit, dass er uns ein Stück wunderbare angewandte Mathematik bewusst gemacht hatte. Und jetzt – endlich – nahm er seinen Ramazzotti, drehte ihn noch einmal, roch daran, und dann trank er den ersten Schluck.

Hier irrte Freud – nicht!

50

Sigmund Freud forschte nicht nur in den Seelengründen des Menschen, sondern auch bei Zahlen nach geheimen Zusammenhängen.

Vor etwa 100 Jahren entdeckte der angesehene Berliner Arzt Dr. Wilhelm Fließ den Biorhythmus. Aufgrund der Krankengeschichten seiner zahlreichen Patienten glaubte er, allgemein gültige Muster entdeckt zu haben:

- Eine »körperliche Kurve« mit einer Periodenlänge von 23 Tagen, die den körperlichen Zustand, die Vitalität, den Immunstatus und so weiter beschreibt.
- Eine »emotionale Kurve« mit einer Periode von 28 Tagen, die die Stimmungen, Gefühle und die Kreativität nachzeichnet.
- Dazu kam später noch eine »geistige Kurve« mit einer Periodenlänge von 33 Tagen.

Nach der Theorie der Biorhythmen kann das Leben eines Menschen gut durch diese Kurven beschrieben werden. Fließ veröffentlichte seine Erkenntnisse im Jahr 1906 unter dem Titel *Der Ablauf des Lebens*, und die Idee des Biorhythmus trat ihren Siegeszug an.

Davon erfuhr auch Sigmund Freud, der Vater der Psychoanalyse. Freud war insbesondere von den »Basiszahlen« 23 und 28 fasziniert. Und zwar deswegen, weil man mit diesen, so meinte Freud, alle wichtigen Zahlen darstellen könne. Er hatte beobachtet, dass viel bekannte Menschen im Alter von 51 Jahren starben, und tatsächlich ist $51 = 23 + 28$. Ferner war Freud der Meinung, dass der 13. Tag eines Monats ein Glückstag sei – kein Wunder, denn es gilt ja $13 = 3 \cdot 23 - 2 \cdot 28$.

Ob Freud diese Tatsache als Bestätigung der Fließ'schen

Periodenlehre ansah, weiß ich nicht. Was Freud aber offenbar nicht wusste, ist, dass man mit 23 und 28 jede Zahl darstellen kann.

In der Tat ist zum Beispiel $125 = 3 \cdot 23 + 2 \cdot 28$, $31 = 5 \cdot 23 - 3 \cdot 28$ und $1 = 11 \cdot 23 - 9 \cdot 28$. Die letzte Gleichung ist besonders wichtig, weil daraus folgt, dass man wirklich jede Zahl mittels 23 und 28 darstellen kann. Zum Beispiel 1000? Nichts leichter als das – wir multiplizieren die Vorfaktoren mit 1000 und erhalten: $11\,000 \cdot 23 - 9\,000 \cdot 28 = 1000 \cdot (11 \cdot 23 - 9 \cdot 28) = 1000 \cdot 1 = 1000$.

Wenn man 23 und 28 nur addiert und nicht subtrahiert, ergibt sich ein schwierigeres Problem – und die Mathematiker wissen, dass das dann auch ein interessanteres Problem ist. Dann erhält man nämlich nicht alle Zahlen. Die unter 23 schon gar nicht. Sie können das einfach mal ausprobieren, indem Sie 23 und 28 immer wieder addieren. Darstellbar sind die folgenden Zahlen: 23, 28, 51, 74 ($= 2 \cdot 23 + 28$), 79 ($= 23 + 2 \cdot 28$), 102 ($= 2 \cdot 23 + 2 \cdot 28$) und so weiter. Eigentlich, könnte man meinen, nur wenige Zahlen. Aber es werden mehr und mehr. Die letzte Zahl, die man nicht als Summe von 23 und 28 ausdrücken kann, ist 593. Ab 594 geht es immer!

Was Freud auch nicht wusste, ist, dass an den Zahlen 23 und 28 gar nichts Besonderes ist. Denn entsprechende Phänomene gibt es auch bei anderen Zahlenpaaren: 23 und 29, 15 und 26, 3 und 8, 17 und 33 und so fort. Man muss nur überprüfen, welchen größten gemeinsamen Teiler (ggT) die beiden Zahlen haben. Wenn der ggT zweier Zahlen a und b gleich 1 ist, kann man jede ganze Zahl durch a und b darstellen. Wenn der ggT größer als 1 ist, dann nicht.

Auch wenn man die Zahlen nur addieren darf und nicht subtrahieren, kann man eine präzise Auskunft geben. Wenn zwei Zahlen a und b den ggT 1 haben, dann kann man ab der Zahl $(a - 1)(b - 1)$ alle Zahlen darstellen, aber die Zahl, die 1 kleiner ist, also $(a - 1)(b - 1) - 1$ nicht.

Ein Beispiel: Mit den Zahlen 3 und 5 kann man alle Zahlen ab $2 \cdot 4 = 8$ darstellen. In der Tat ist $8 = 3 + 5$, $9 = 3 + 3 + 3$, $10 = 5 + 5$, $11 = 3 + 3 + 5$ und so weiter. Und bei den Zahlen 5 und 8 geht es ab $4 \cdot 7 = 28$. Probieren Sie es aus!

Und bei den »bedeutenden« Freud'schen Zahlen 23 und 28 geht es ab $22 \cdot 27 = 594$. Dass das Bedeutung für den Biorhythmus hat, wage ich allerdings zu bezweifeln!

Besondere Buchstaben 51

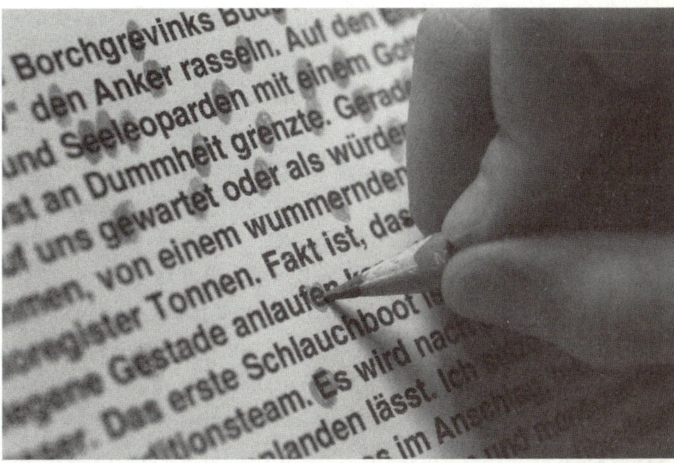

Der Buchstabe E beherrscht in Deutschland die Texte. Er hat eine Häufigkeit von 20 Prozent. Mit deutlichem Abstand folgt das N.

»Ich mag die besonderen Buchstaben. Die andern find ich doof.« Unsere Tochter Maria ist berühmt für solche Sätze – hart, präzise, akzentuiert. Der Ton, in dem sie solche Sätze ausspricht, lässt keinen Widerspruch, in der Regel nicht einmal eine Nachfrage zu. Jedenfalls dann, wenn man keinen Wutausbruch riskieren will.

Ich gestehe, dass ich keine Ahnung hatte, was sie uns sagen wollte. Den anderen ging es ähnlich. Aber die ganze Familie blieb ruhig beim Mittagessen sitzen und tat, als ob nichts gewesen wäre. Als ich mir noch einmal Spaghetti nahm, murmelte ich so leise, dass Maria es, wenn sie nicht wollte, nicht zu hören brauchte: »Besondere Buchstaben?«

»So was wie P.« Immerhin antwortete sie.

»Meinst du die harten Buchstaben«, wagte ich zu fragen, »P, T, K?« »Papa!«, rief sie empört. Jeder duckte sich. »Wenn du keine Ahnung hast, dann frag doch einfach nicht.« Das war unlogisch, und das merkte auch ihr Bruder Christoph: »Wie soll er es sonst rauskriegen?«

Maria holte tief Luft. Ich merkte, wie sie sich zusammennahm, und wusste, dass ich jetzt nichts sagen, ja sie kaum anschauen durfte. »Die Buchstaben, die es wie Sand am Meer gibt, find ich blöd. Buchstaben wie X und Y und Q gibt es andererseits ja praktisch nicht. Aber so was wie eben P oder V oder J oder K, die sind was Besonderes. Man denkt, die sind ganz normal, in Wirklichkeit gibt es die fast auch nicht.« Jetzt dämmerte mir, was sie meinen könnte. Sie fuhr fort: »Wir haben heute in der

Schule auf einer Seite diese Buchstaben eingekringelt. Das P blau, das V rot, das J gelb und das K grün. Das Besondere ist, dass auf der ganzen Seite fast kein Buchstabe eingekringelt war.«

Das war eine richtig gute Erklärung. Ich sagte: »Solche Buchstaben zu entdecken, ist so, wie ein vierblättriges Kleeblatt zu finden.« Jetzt schauten mich beide Kinder an, und ich wusste, was diese Blicke zu bedeuten hatten: Unheilbarer Romantiker!

Christoph kannte die Sache offenbar noch nicht und fragte: »Welches sind denn die langweiligen Buchstaben?« »Na ja, die die dauernd vorkommen, vor allem E und N.« Damit war das Mittagessen beendet, denn die Kinder holten sich eine Zeitungsseite und kringelten darauf die E und N ein. In der Zwischenzeit konnte ich Eindruck bei meiner Frau schinden: »Der Buchstabe E hat eine Häufigkeit von fast 20 Prozent, und N kommt mit zehn Prozent vor. Das heißt«, sagte ich mit Blick auf die Kinder, »die kringeln fast jeden dritten Buchstaben ein.«

Irgendwann waren sie fertig, und wir bewunderten sie gebührend: »Unglaublich, die ganze Zeitungsseite ist voller Kringel!«, sagte meine Frau. Ich wollte die beiden herausfordern und fragte: »Könnte man das auch ohne E machen?« »Häh?«

Bevor meine Frau einen richtigen Sprachgebrauch anmahnen konnte, schlug ich vor: »Zum Beispiel ein Wort ohne E.« Beide riefen: »Unsere Namen Christoph und Maria.«

»Und einen Satz?« Maria legte los: »Maria aß Ananas«, und Christoph setzte fort, »am Amazonas.«

»Nee, warte mal.« Maria hatte Feuer gefangen. »Maria aß oft Ananas mit Milch und Honig am Amazonas und trank dazu Saft!«

Sie waren stolz auf ihre Leistung. Aber meine Frau auch. Sie war nämlich aufgestanden und kam jetzt wieder zu uns. »Ich wusste, dass wir ein Buch haben, das ganz ohne E auskommt.«

»Ein ganzes Buch!« Die Kinder waren von den Socken. »Aber ein sehr merkwürdiges Buch«, erklärte meine Frau, »man kann die Geschichte kaum verstehen.«

»Schon der Titel ist merkwürdig«, sagte Christoph und las: *»Anton Voyls Fortgang.«* Maria behielt – wie oft – das letzte Wort: »Jedenfalls ein Buch nur mit besonderen Wörtern!«

Ich – aller Zahlen Anfang!

52

Der Platz auf dem Siegertreppchen
ist der Eins sozusagen angeboren.
Sie ist stets ganz vorn – oder eben oben.

Ich bin die Eins. Und eines möchte ich gleich zu Beginn klarstellen: Einsam bin ich nicht. Alleine – ja. Aber einsam – nein. Einsamkeit hieße, dass ich mich über mein Alleinsein beklage. Das tue ich aber nicht.

Ich, die Eins, stehe alleine, aber ich kann das. Ich brauche niemand, ich genüge mir selbst. Darüber bin ich froh. Und sogar ein bisschen stolz.

Ich bin allein. Das ist etwas Gutes! Kein Stress mit Sozialbeziehungen: zusammen und wieder auseinander. Wer macht den Abwasch? Wer bringt den Müll runter? Diese ewigen Diskussionen bleiben mir erspart.

Ich bin die einzige Zahl, die für sich allein steht. Alle anderen Zahlen brauchen mich, als notwendige Voraussetzung für ihre Existenz. 2 ist 1 + 1, 3 ist 1 + 1 + 1, 10 ist 1 + 1 + 1 + 1 + 1 + 1 + 1 + 1 + 1 + 1, und so geht es immer weiter. Aus mir kann man alles aufbauen. Die ganzen Zahlen stammen alle von mir ab!

Der Mathematiker Leopold Kronecker (1823–1891) hat einmal gesagt: »Die natürlichen Zahlen, also 1, 2, 3 und so weiter, hat der liebe Gott gemacht, alles andere ist Menschenwerk.« Hier irrte Kronecker: Mich allein musste der liebe Gott schaffen, und sonst keine Zahl, denn aus mir kann man alle anderen entstehen lassen! Überall auf der Welt, wo es Zahlen gibt, bin ich da.

Ich bin der Anfang des Zählens. Na ja, vielleicht übertreibe ich in diesem Punkt ein bisschen. Ich gebe ja zu: Wer nur »eins« sagt, zählt noch nicht richtig. Man könnte sagen, dass das Zählen erst mit drei beginnt. Die Eins sagt

»ich«, die Zwei sagt »ich und du«, und erst die Drei öffnet den Blick zur Welt. Aber zählen ohne mich geht nicht, das Zählen kann nicht beginnen. Mit eins fängt alles an.

Die einzige Zahl, die ich neben mir gelten lasse, ist die Null. Die ist auch noch wichtig. Denn mit 0 und 1 kann man alle Zahlen bequem darstellen. Das hat der große Leibniz 1697 entdeckt.

Aber einen Unterschied hat auch Leibniz gemacht: Die Eins war für ihn das Göttliche, die Null dagegen leer und nichtig, das Teuflische. Er sah sich dadurch bestätigt, dass die heilige Zahl 7 im Binärsystem die Form 111 hat, also aus drei göttlichen Einsen, ohne jede teuflische Null aufgebaut ist.

Wie ich meine Freizeit verbringe? Ich kann mich gut mit mir allein beschäftigen. Ich denke gerne nach. Über mich und die gesamte Zahlenwelt. Dazu brauche ich Ruhe.

Ich gestehe, dass ich leicht narzisstisch veranlagt bin. Ich schau mich gerne selbst an. Ich finde mich toll. Der Dichter Angelus Silesius hat einen wunderbaren Sinnspruch gefunden: »Was tun die Seeligen – so man es sagen kann? – Sie schaun ohn' Unterlass die ewge Schönheit an!« Und wer soll die ewige Schönheit sein? Das bin natürlich ich, die Eins!

Politik? Eine lange Nase habe ich ja, und neugierig bin ich auch – in Maßen. Einerseits geht mich alles etwas an, denn ich stecke ja mittendrin. Andererseits bin ich mir selbst genug und kann über die kindischen Scherze meiner Abkömmlinge nur milde den Kopf schütteln!

Es ist nicht nötig, dass ich mich um jeden Unsinn kümmere. Sollen die anderen sich doch streiten und die Köpfe einschlagen: Am Fundament ändert sich nichts. Alles im Zahlenreich baut auf mir auf und nichts funktioniert ohne mich. Ist das denn so schwer einzusehen?

53 Zwei sagen heißt Nein sagen

Die Zwei ist der Widerspruch in sich, sie ist der Geist, der stets verneint, und sie schafft die erste Mehrzahl. Kein Wunder, dass sie meint, etwas Besonderes zu sein.

Von sich selbst sprechen kann jeder. Das tun ja auch alle zur Genüge: Sprechen von sich und ihren Problemen und wie schwer sie's haben. Die sagen immer nur ich, ich, ich. Können bis eins zählen: Eins. Eins. Eins! Von sich selbst reden ist so wie immer Eins sagen. Eins sagen kann jeder.

Aber »Zwei« sagen, das ist eine neue Dimension! Wer Zwei sagen will, muss sich emanzipieren. Wissen Sie, was das heißt? Sich aus den Fesseln befreien. Sich etwas ganz anderes vorstellen zu können. Die Betonung liegt auf »etwas anderes«. Mit anderen Worten: Zwei sagen heißt Nein sagen. »Nein, es gibt nicht nur mich, sondern auch jemand anders.«

Stellen Sie sich das Gefühl vor, als Adam zum ersten Mal Eva sah. Ein ähnliches Wesen, ein Wesen, das zu ihm passte. Das aber vor allem auch deswegen zu ihm passte, weil es ganz anders war. Rippe hin, Rippe her, Adam wusste sofort: »Das wird spannend.« Eva wusste das ohnedies. Eva war zunächst die Verneinung von Adam.

Ich als Zwei denke das Gegenüber immer gleich mit. Das eine und das Gegenteil davon.

Klar, meine Lieblingsfigur in der Dichtung ist Mephisto. »Ich bin der Geist, der stets verneint.« Der Philosoph Hegel hätte seine Freude an mir. Ich bin die zahlgewordene Antithese, der Widerspruch zur These. Ich bin der Widerspruch an sich. Ich sage immer erst mal Nein. Es ist der Widerspruch, der die Welt in Gang hält.

Dass die Zahl 2 in der Mathematik eine zentrale Rolle

spielt, ist klar. Die Zahl 2 ist die kleinste Primzahl, außerdem die einzige gerade Primzahl. Und schon zu Beginn der Mathematik hat die Zahl 2 eine wichtige Rolle gespielt. Die Pythagoreer – etwa um das Jahr 500 v. Chr. – haben als Erste gerade und ungerade Zahlen unterschieden. Und sie haben damals schon Gesetze erkannt wie zum Beispiel »gerade plus ungerade gleich ungerade« oder »ungerade plus ungerade gleich gerade«. Damit haben die Pythagoreer – vor 2500 Jahren – bereits die Grundlagen für das Rechnen mit Bits gelegt.

Die Zahl 2 ist der Beginn der Mehrzahl – aber nicht irgendeiner Mehrzahl, sondern der Zweiheit als einer ganz besonderen Art von Mehrzahl. Nicht so was Allgemeines wie Männer, Menschen, Wähler, Politiker. All diese Begriffe werden heute ja zu Recht unter »Humankapital« geführt. Das bedeutet: Es kommt nicht auf das Individuum, sondern nur auf den Gesamtwert an. Einer ist wie der andere – alle sind auswechselbar, verwechselbar, ersetzbar. Jeder ist nur eine Nummer. Und ob einer fehlt, durch einen anderen ersetzt wird oder nicht ersetzt wird, das merkt man nicht einmal.

Aber mein Plural, der Zweierplural! Das ist was ganz Spezielles. Bei dem gehören zwei zusammen wie Pech und – … Genau! Hören Sie mal: Adam und –, Asterix und –, Blitz und –, Bonnie und –, Dick und –, Ebbe und –, Fuchs und –, Himmel und –, Hinz und –, Ja oder –, Kopf oder –, Licht und –, Mann und –, Max und – …

Sie sehen: Eine Zweiheit besteht nicht aus zwei gleichen Hälften. Im Gegenteil: Gegensätze ziehen sich an, manche stehen in innerer Spannung zueinander, manche kommen nie zusammen. Manche sind ein explosives Gemisch. Aber bei allen ist klar: Beide zusammen sind mehr als die Summe der Einzelnen. Viel mehr. Manches kann ohne die andere Hälfte nicht einmal existieren.

Wie schon Mephisto sagte: Ich bin »ein Teil von jener Kraft, die stets das Böse will und stets das Gute schafft«. Das gilt genauso für mich, die Zwei.

54 Die Drei spricht

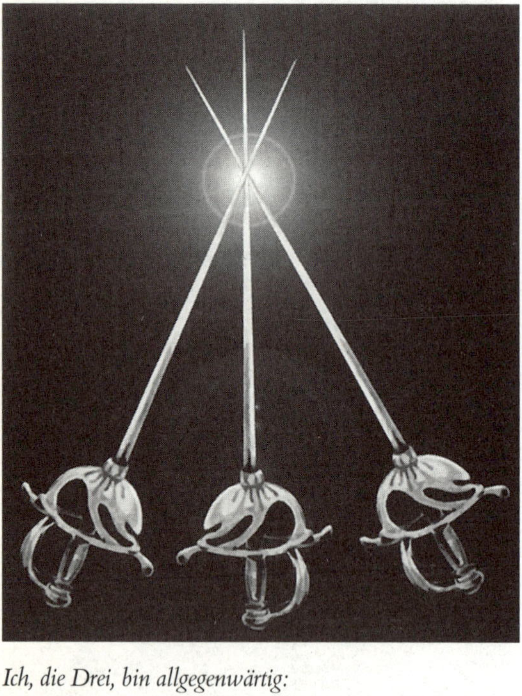

Ich, die Drei, bin allgegenwärtig:
Dreieinigkeit, drei Musketiere, Dreisprung …
Als erste der Zahlen schnuppere ich
ein wenig Unendlichkeit.

Ich bin die erste richtige Zahl. Das behaupten meine Vorgänger von sich zwar auch, aber schauen Sie doch selbst: Die Eins, die nur an sich selbst denkt und den Anspruch hat, alles in sich zu vereinen! Die zickige Zwei, die selbst nicht weiß, was sie will, und vollkommen damit beschäftigt ist, das explosive Gemisch in sich zu bändigen!

Ich dagegen: Ausgeglichen, aber nicht langweilig. Ein aus verschiedenen Teilen zusammengesetztes Kraftpaket, aber nicht explosiv. Eine richtige Mehrzahl, aber nicht zu groß. Kurz, ich bin die erste normale Zahl. Mit mir können Sie sich sehen lassen!

Der Philosoph Hegel hatte schon Recht, als er die Entwicklung der Welt und des Denkens auf dem dialektischen Dreischritt These – Antithese – Synthese aufbaute. Ohne Synthese, den krönenden Abschluss, blieben die ersten Teile unvollkommen und unwirksam.

Wer bis drei zählen kann, der kann richtig zählen. Wer nur Eins oder Zwei sagen kann, der hängt noch bei sich oder seinem Gegenüber. Wer aber Drei sagt, der schaut über den engsten Kreis hinaus, der sieht die Welt und weiß, wie es weitergeht, der schnuppert schon ein bisschen Unendlichkeit.

Dass ich eine Primzahl bin, davon rede ich gar nicht – sogar die erste ungerade und die einzige, die unmittelbar auf eine andere Primzahl folgt.

Also: Wo man auch hinschaut, man sieht die Wirkung der Dreiheit, die immer überzeugend ist. Ja, Sie haben richtig gehört: Ich bin die überzeugendste Zahl!

Das zeigt sich schon ganz früh in der Geschichte der Menschheit. In der Steinzeit. Günter Grass erzählt in seinem Roman *Der Butt* von der Urmutter Aua, die – Kinder, alle mal herhören! – drei Brüste hatte. Grass schildert diese Zeit als eine ausgesprochen glückliche und friedliche.

Komplizierter ist es mit der Dreiheit im Christentum. Die Dreieinigkeit ist zunächst einfach der Dreiertrick: Drei Wesenheiten wirken überzeugender als nur eine oder gar zwei! Theologisch wird es ziemlich knifflig, weil alle drei Komponenten, nämlich Vater, Sohn und Heiliger Geist, ohne Zweifel göttlich sind, es aber nur einen Gott geben darf. Also: Aus drei mach eins, oder aus eins mach drei. Das bleibt kompliziert.

In der Sprache wird es ganz offensichtlich. Schon Mephisto wusste: »Du musst es dreimal sagen!« Stellen Sie sich vor, ein Mensch wird gelobt, indem man sagt: »Er kann viel und er weiß viel.« Das ist gut. Aber um wie viel überzeugender wird es, wenn man sagt: »Er kann viel, er weiß viel, und er macht viel!« Es ist nicht nur der Informationszuwachs, sondern die überzeugende Kraft der Dreiheit.

Ein besonderes Kapitel sind Abkürzungen. Diese sind heute fast immer dreibuchstabig: AEG, BVB, CDU, DRK, EPF, FKW, GbR …

Ich weiß nicht, ob Sie Hip-Hop mögen. Egal. Einen Titel finde ich richtig gut. Er stammt von den Fantastischen Vier (sorry, drei wären mir lieber). Er heißt MfG und verwendet fast nur dreibuchstabige Abkürzungen; er zeigt, dass unsere Welt voll davon ist, und macht den Dreiertrick (beziehungsweise den Dreiertick) offensichtlich. Der Anfang lautet:

ARD, ZDF, C&A
BRD, FFR und USA
BSE, HIV und DRK
GbR, GmbH – Ihr könnt mich mal
THX, VHS und FSK
RAF, LSD und FKK
DVU, AKW und KKK
RHP, usw., LmaA

Die Beispiele von der Steinzeit bis zum Hip-Hop beweisen eines: Wenn Sie Eindruck machen wollen, benutzen Sie die Drei, verwenden Sie mich! Ich bin die überzeugendste Zahl!

55 Nichts Besonderes – oder?

Frühling, Sommer, Herbst und Winter:
Die Natur hat die Vier in ihre Jahresplanung aufgenommen.

Ich bin normal, und das ist gut so. Ich, die Vier, bin die erste normale Zahl. Zwischen der heiligen Drei und der mystischen Fünf. Die Zahlen vor mir sind alle ein bisschen aufgeblasen, sozusagen Angeberzahlen. Unter den unendlich vielen Zahlen nach mir gibt es zwar auch noch einige besondere, aber die meisten sind – wie ich – völlig normal.

Warum ich normal bin? Eine Gegenfrage: Welche Pizza bestellen Sie, wenn Sie keine Entscheidung treffen wollen, wenn Sie also nur eine »ganz normale« Pizza wollen? – Klar, Quattro Stagioni, Vier Jahreszeiten.

Aber unter den normalen Zahlen bin ich die erste. Im Grunde schon wieder etwas Besonderes. Ich bin aber auch etwas ganz Solides. Die vier Himmelsrichtungen geben Orientierung. Und in der Antike war man der Überzeugung, dass alles aus vier Elementen – Feuer, Wasser, Luft und Erde – aufgebaut ist.

Natürlich habe ich auch gute mathematische Eigenschaften: Man kann mich berechnen als 2 plus 2, als 2 mal 2 und als 2 hoch 2. Das ist zwar nur ein kleiner Taschenspielertrick, aber immerhin.

Ich bin die erste zusammengesetzte Zahl: 1 ist nicht zusammengesetzt, 2 und 3 sind Primzahlen. Insbesondere bin ich keine Primzahl. Ich bin die erste echte Quadratzahl, also der Anfang der unendlichen Folge 4, 9, 16, 25 … Die Mathematiker zählen zwar 1 auch als Quadratzahl, aber das tun eben nur Mathematiker.

Meine wahre Bedeutung zeigt sich in der Geometrie.

Meine geometrische Schwester ist das Quadrat. Ein Quadrat hat vier Ecken und vier Seiten, ist also ein Viereck. Aber ein Quadrat ist das speziellste, regelmäßigste, wichtigste und – wie ich finde – schönste Viereck. Es hat vier rechte Winkel und vier gleich lange Seiten.

Ein Quadrat hat auch vier Symmetrieachsen: je zwei, die gegenüberliegende Seitenmitten verbinden, und die Diagonalen. Kein anderes Viereck hat so viele Symmetrieachsen.

Das Quadrat scheint banal zu sein, ist aber spannend. Bei einem Quadrat der Seitenlänge 1 hat die Diagonale eine Länge von Wurzel aus 2, also etwa 1,41. Aber eben nicht genau. Denn Wurzel aus 2 ist eine irrationale Zahl. Also eine Zahl, die unendlich weitergeht und bei der nie ein periodisches Muster auftritt.

Neben meiner geometrischen Schwester habe ich auch noch einen geometrischen Bruder, das Tetraeder. Denn an mir ist doch etwas Besonderes: Mit mir fängt die dritte Dimension an. Vier Punkte müssen nicht immer in einer Ebene liegen, sondern können auch den Raum aufspannen. Dann sind sie die Ecken einer dreiseitigen Pyramide. Mathematiker nennen diesen Körper oft auch ein »Tetraeder«. Das kommt aus dem Griechischen und drückt aus, dass er vier Flächen hat.

Unnötig zu sagen, dass in vielen mathematischen Sätzen die Zahl 4 vorkommt. Ich erwähne nur das prominenteste Beispiel, den Vierfarbensatz. Der sagt Folgendes: Wir betrachten irgendeine Landkarte. Wir wollen jedem Land eine Farbe zuordnen, und zwar so, dass zwei Länder, die eine gemeinsame Grenze haben, verschiedenfarbig sind. Nach dem Vierfarbensatz kommt man dabei immer mit vier Farben aus. Das ist leicht gesagt, aber der Beweis des Satzes ist schwierig. Er ist mathematisch herausfordernd, und man braucht viel Computerrechenzeit. Die Mathematiker haben sich zwar 100 Jahre um einen Beweis bemüht, ein vollständiger Beweis wurde aber erst 1976 gefunden.

Das alles könnte jetzt so aussehen, als ob ich, die Vier, etwas ganz Außerordentliches wäre. Aber nein. Von jeder Zahl kann man Geschichten erzählen. Auch von mir. Und ich fühle mich als erste normale Zahl sehr wohl.

56 Die Sache mit dem U

Man nehme die Zahl 4125 und dividiere sie durch 11. Die Rechnung geht auf. Jede »U-Zahl« auf dem Taschenrechner lässt sich durch 11 teilen.

»Ich hab was entdeckt!« Mit diesen Worten kam mein Sohn Christoph zu mir, mit seinem Taschenrechner in der Hand. Ich war drauf und dran, ihn abzuwimmeln, denn bestimmt wollte er mir wieder irgendeine Operation zeigen, die schließlich mit seinem Lieblingseintrag ERROR enden würde. Er ahnte meine Bedenken und sagte rasch: »Nein, nicht das, was du denkst!«

»Was denn dann?«, fragte ich.

»Schau mal. Ich tippe diese Zahlen ein, teile durch elf, und es geht auf.«

Christoph sprach in Rätseln. Ich verstand überhaupt nichts: »Welche Zahlen tippst du ein?«

»Hast du's nicht gesehen?«

»Nein.«

»Einfach so ein U.«

»Ein U?«

»Ja, du tippst oben, dann gehst du eins runter, dann eins nach rechts und schließlich eins hoch – wie bei einem U eben. Und dann durch elf.«

Jetzt verstand ich. »Also zum Beispiel 4125.« Ich tippte das ein. »Geteilt durch 11. Ist 375.«

»Sag ich doch. Jedes U geht durch elf«, sagte er mit großer Sicherheit. Aber dann fragte er weiter: »Warum ist denn das so? Du musst das doch wissen!«

Das sind genau die Fragen, die ich liebe. Ich versuchte, Zeit zu gewinnen. »Weißt du, woran man erkennen kann, ob eine Zahl durch elf teilbar ist?«

»Klar, ich tippe sie ein ...«

»Nein«, unterbrach ich ihn. »Es gibt einen Trick, mit dem du das rauskriegst, ohne zu rechnen.«

»Wie?«

»Man muss die einzelnen Ziffern einfach abwechselnd mit Plus und Minus versehen und dann zusammenzählen.« Ich sah das fragende Gesicht meines Sohnes und wusste, dass er ein Beispiel brauchte: »Zum Beispiel 5374. Du beginnst mit Plus, dann kommt Minus, dann Plus und so weiter. Du rechnest also 5 – 3 + 7 – 4, und das ist 5. Wenn das, was dabei rauskommt, eine Elferzahl – wie 22, 33 oder 88 – ist…«, machte ich es spannend, und Christoph setzte den Satz fort: »… dann ist auch die ganze Zahl durch elf teilbar.«

»Genau«, sagte ich und gab noch zu bedenken: »Es gibt dabei einen wichtigen Fall. Manchmal kommt null raus. Was ist dann?« Christoph schaute mich unschlüssig an. Ich half ihm: »Ist null durch elf teilbar? Geht das auf? Zum Beispiel null Lollis auf elf Kinder.«

»O.k., ich verstehe. Es geht auf, weil jeder gleich viel bekommt. Ist zwar gemein, aber… Und die Zahlen, bei denen null rauskommt, sind durch elf teilbar.«

»Probier mal deine U-Zahl!«, forderte ich ihn auf.

»4 – 1 + 2 – 5 ist null!« Christoph war kurz still. Dann sagte er: »Und du meinst, bei den U-Zahlen kommt immer null raus.«

»Ja«, erklärte ich. »Wir nehmen vier Ziffern des Taschenrechners, die ein U bilden. Man kann auch sagen, die die Ecken eines Quadrats bilden. Die Ziffern, die sich gegenüberliegen – also links oben und rechts unten –, ergeben zusammengezählt genau das Gleiche wie links unten und rechts oben.«

»Das heißt, bei der Trickrechnung mit Plus und Minus muss dann immer null rauskommen«, überlegte Christoph. »Das ist gar nicht schwer einzusehen: Stell dir die

Zahl links unten im U vor. Wir nennen sie a. Die Zahl eins weiter rechts ist dann a + 1. Und um wie viel ist die Zahl über a größer?« Christoph schaute auf das Tastenfeld: »Um drei.«

»Also. Wir fangen links unten an. Nach oben plus 3, nach rechts plus 1. Alles in allem a + a + 4. Die Zahl links oben ist a + 3, die rechts unten ist a + 1, zusammen ergibt das ebenfalls a + a + 4.«

Christoph war begeistert: »Deswegen kommt bei der Trickrechnung immer null heraus, und daher ist die U-Zahl durch elf teilbar.«

57 Magische Multiplikation

Wer ausrechnen will, wie viel 93 mal 89 macht, muss nicht zwangsläufig die übliche Rechenmethode anwenden oder zum Taschenrechner greifen. Es gibt einen raffinierten Trick.

»Heute hab ich einen tollen Mathe-Trick gelernt!« Mit diesen Worten polterte mein Sohn Christoph zur Tür herein, warf seinen Rucksack in die Ecke und lümmelte sich an den Küchentisch. Ich setzte mich zu ihm: »Ich hatte dir doch gesagt, dass der Mathe-Lehrer gar nicht so schlecht ist!«

»Von wegen Mathe-Lehrer! Unser Lateinlehrer war's.«

»Der versteht was von Mathe?«

»Keine Ahnung. Aber schau mal!« Christoph wuchtete seinen Rucksack auf die Bank, kramte ein Heft hervor, schlug es auf und las: »Was ist 93 mal 89?«

»Das findet euer Lateinlehrer interessant?«, fragte ich irritiert.

»Vielleicht interessiert es ihn gar nicht, aber ausrechnen kann er es.«

»Ich auch.« Ich griff nach einem Taschenrechner. »Das ist doof«, maulte Christoph. »Herr Maurer macht das so: 93 plus 7 ist 100, die Zahl 7 wird von 89 abgezogen, das gibt 82.« Sagte es und schrieb die Zahl hin.

»Jetzt zur zweiten Zahl. 89 plus 11 sind 100. Die 11 multipliziere ich mit der 7 von vorher, das gibt 77.« Christoph kritzelte die 77 hinter die 82. »Und?«, fragte ich verständnislos. »Und?«, äffte er mich nach. »Fertig. 93 mal 89 ist 8277. Kannst es ja nachrechnen, wenn du es nicht glaubst.«

Nun war ich wirklich sprachlos. Ich musste mir den Trick Schritt für Schritt klarmachen. »Du ergänzt die erste Zahl zu 100, ziehst die Ergänzungszahl von der zweiten Zahl ab und schreibst das Ergebnis auf. Dann ergänzt du die zweite Zahl zu 100, multiplizierst die beiden Ergänzungszahlen und schreibst das Ergebnis dahinter. Und das funktioniert?«, fragte ich ungläubig. »Klar«, Christoph kam in Fahrt. »Zum Beispiel 97 mal 87. Von 97 bis 100 fehlen 3. 87 minus 3 ist 84. Das ist schon mal die erste Hälfte. Jetzt ergänzt du 87 zu 100. Das ist 13; 13 mal 3 ist 39. Also lautet das Ergebnis 8439.« Nun hatte mich der Ehrgeiz gepackt. »Hat Herr Maurer euch auch erklärt, warum das so ist?«

»Was heißt, warum? Du siehst doch, dass es funktioniert!«

»Warum bedeutet: Man sucht ein Schema, um zu zeigen, dass dieser Trick für alle Zahlen funktioniert.«

»Du meinst mit a und b und so?«

»Genau. Wir nennen die beiden Zahlen a und b. Als Erstes müssen wir diese zu 100 ergänzen. Da nehmen wir einfach noch mehr Buchstaben, zum Beispiel x und y.« Ich wartete. »Na ja«, überlegte Christoph, »x ergänzt a zu 100, also ist $a + x = 100$. Ebenso ist y die Zahl, die b zu 100 ergänzt, also ist $b + y = 100$.«

»Sehr gut«, lobte ich. »Wir können also auch schreiben $a = 100 - x$ und $b = 100 - y$. Und statt a mal b können wir genauso gut $(100 - x)$ mal $(100 - y)$ ausrechnen.« Christoph runzelte die Stirn, daher beeilte ich mich zu erklären: »Der Trick funktioniert mit den Ergänzungszahlen x und y.« Und um ihn bei der Stange zu halten, fragte ich: »Wie geht die erste Hälfte?«

»Die erste Ergänzungszahl wird von der zweiten Zahl abgezogen und vorn hingeschrieben. Das heißt $b - x$. Oder, weil du das b nicht haben willst, $100 - y - x$.« Das schrieb er hin und machte weiter: »Die zweite Zahl ist das Produkt der Ergänzungszahlen, also xy.« Das schrieb er hinter den ersten Ausdruck.

»Hm«, brummte ich, »wir müssen noch überlegen, was ›vorn hinschreiben‹ mathematisch gesehen bedeutet.«

Christoph schaute mich verwundert an, und ich erklärte: »Wenn bei einer normalen Zahl eine Ziffer, zum Beispiel 5, an der vorletzten Stelle steht, dann ist sie nicht 5 wert, sondern 50. Man muss sie also mit 10 multiplizieren. Und wenn noch zwei Ziffern dahinter stehen …«

»… dann ist es die Hunderterziffer, und man muss sie mit 100 multiplizieren«, unterbrach mich Christoph. »Also muss man (100 – y – x) mit 100 multiplizieren, und das Ergebnis ist (100 – y – x)·100 + xy, weil xy noch dazukommt. Und wenn du das ausrechnest, kommt exakt das Produkt ab raus.«

»Ist doch toll, der Trick vom Lateinlehrer«, war Christophs Fazit.

58 Keine Chance für Langfinger

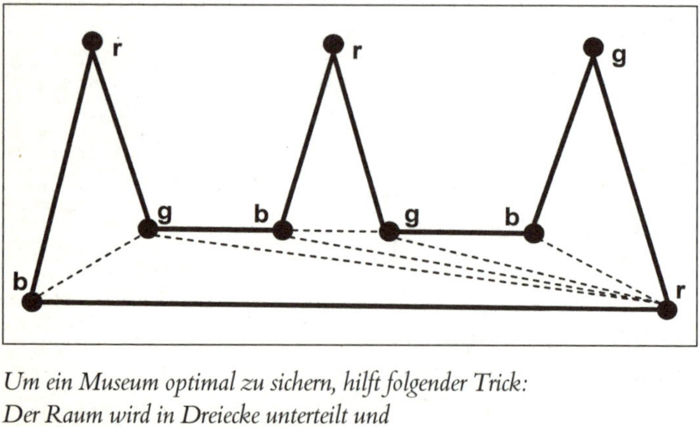

Um ein Museum optimal zu sichern, hilft folgender Trick: Der Raum wird in Dreiecke unterteilt und jeder Eckpunkt farbig markiert. Kameras kommen entweder an die blauen (b), roten (r) oder gelben (g) Stellen.

Vor einiger Zeit gingen wir gemeinsam ins Museum. Genauer gesagt war es so: Meine Frau wollte hin, ich kam mit, und Christoph und Maria mussten. Den Kindern wurde es bald langweilig. Statt sich die Bilder anzusehen, inspizierten sie die Alarmanlage und beobachteten die Aufseher. Christoph kommentierte trocken: »Wenn einer ein Bild stehlen wollte, kämen die doch viel zu spät!« Maria pflichtete ihm bei: »Klar. Schau sie dir an. Die würden es ja nicht mal merken.«

Ich schaltete mich ein: »Lasst uns mal annehmen, dass es Wachleute gibt, die alles merken, was sich in ihrem Gesichtsfeld abspielt.«

»Meinst du Roboter?«, fragte Christoph. »Oder Überwachungskameras?«, rief Maria.

»Ja, stellen wir uns einen Überwachungsroboter vor. Und zwar einen, der nach allen Seiten schauen kann. Wie viele Roboter bräuchte man dann, damit alles überwacht ist?«

Der Gesichtsausdruck der Kinder sprach Bände: Typische Papafrage. Eine Frage, die auf irgendetwas hinauswollte. Eine Frage, mit der der Papa wieder mal zeigen konnte, dass er unglaublich schlau war.

Christoph antwortete schließlich doch: »Nur einen Einzigen. Den platzierst du in die Mitte, und er sieht alles.« Maria hatte eine andere Idee: »Du kannst ihn auch an den Rand stellen. Er sieht trotzdem alles. Oder, noch besser: Du stellst ihn direkt in die Tür, dann kann er gleich zwei Räume überwachen!«

»Sehr gut!«, lobte ich. »Und jetzt stellt euch ein ganz verrücktes Museum vor. Eines, in dem die Räume nicht rechteckig sind, sondern dreieckig, fünfeckig, mit spitzen Winkeln und was man sich sonst alles Verrücktes ausdenken kann. Wie viele Aufseher braucht man dort?«

»Viele«, war Christophs Antwort. Doch ich ließ nicht locker: »Zum Beispiel könnte man sich vorstellen, dass ein Architekt einen langen schmalen Gang baut und auf eine Seite des Gangs lauter schmale dreieckige Nischen reiht.«

Maria kramte ein Blatt Papier heraus und zeichnete den Plan sorgfältig auf. Danach war die Antwort nicht mehr schwer: »Du brauchst für jede Nische einen Roboter, und wenn du die ein bisschen in Richtung Gang stellst, dann können sie auch den überwachen.«

»Die Mathematiker haben einen Trick entdeckt, wie man die Anzahl der Überwachungsroboter ausrechnen kann – und zwar bei jedem noch so verrückten Museum«, erklärte ich. »Stellt euch vor, wir spannen im Museum Seile – und zwar von Ecke zu Ecke, so dass sich überall dreieckige Bereiche bilden. Aber«, gab ich zu bedenken, »wir dürfen im Museum natürlich keine Nägel in die Wand schlagen, sondern wir stellen in jede Ecke einen Ständer und spannen die Seile von einem Ständer zum andern.«

»Wo ist der Trick?«, fragte Christoph ungeduldig.

»Passt auf! Es gibt rote, blaue und gelbe Ständer«, antwortete ich.

Maria wollte schon malen, aber ich hielt sie zunächst davon ab: »Die Ständer werden so verteilt, dass bei jedem Dreieck, das wir mit den Seilen gespannt haben, in einer Ecke ein roter, in der zweiten ein blauer und der dritten ein gelber Ständer steht.« Jetzt durfte Maria malen. »Es funktioniert tatsächlich!«, rief sie.

»Der Rest ist ganz einfach: »Zu jedem roten Ständer stellen wir einen Roboter. Dann können diese Roboter zusammen alles überwachen.«

»Könnten wir auch an jeden blauen Ständer einen Roboter stellen?«, fragte Christoph.

»Klar, auch an jeden gelben«, wusste Maria.

Ich kam auf den Anfang zurück: »Jetzt können wir auch sagen, wie viele Roboter wir mindestens brauchen.«

»Logisch«, meinte Maria. »Ein Drittel der Ständer ist rot. Also brauchen wir nur für ein Drittel der Ecken einen Roboter.«

Da beendete meine Frau die Diskussion: »Jetzt gehen wir aber in die Cafeteria!«

59 Ziffern raten

```
 75312
-32517
------
 42795
```

Man nehme zwei Zahlen mit denselben Ziffern, wirble diese durcheinander und ziehe dann die kleinere Zahl von der größeren ab. Eine Ziffer des Ergebnisses wähle man aus. Den Rest addiere man und ergänze ihn zur nächsten Zahl, die durch neun teilbar ist. Wetten, dass das Ergebnis die ausgewählte Ziffer ist?

Es war einer jener Sonntagnachmittage, die vollkommen unglaublich sind. Die ganze Familie saß zusammen. Christoph, Maria, meine Frau und ich. Wir spielten Karten: das berühmte »Elfer raus!«. Kein Spiel, das besonders viel Intelligenz oder taktische Raffinesse erfordert. Bemerkenswerterweise gerieten wir uns nicht in die Haare. Keiner versuchte faule Tricks oder zauberte Sonderregeln aus dem Hut, niemand flippte aus. Selbst ich konnte verlieren.

Als wir eine Pause einlegten, sagte ich: »Ich hab noch einen Zahlentrick für euch!«

Die anderen runzelten die Stirn, aber die Stimmung war so friedlich, dass sie mich machen ließen. »Wählt eine fünfstellige Zahl!«

Christoph holte sich ein Blatt Papier und einen Stift, aber Maria sagte: »Ich mach's mit den Karten.« Sie nahm vom grünen Stapel fünf Karten heraus und legte diese aus. Es waren die Zahlen 7 5 3 1 2.

Ich fuhr fort: »Als Nächstes schreibt ihr die gleichen Ziffern nochmals auf, aber in irgendeiner anderen Reihenfolge.«

»Ziffern heißt, dass ich die gleichen Karten verwenden muss?«, fragte Maria.

»Die Zahlen auf deinen Karten sind die Ziffern, aber du brauchst deine erste Zahl noch, also musst du die neuen Ziffern mit anderen Karten legen.«

Sie nahm den blauen Stapel, holte sich die Karten mit den gleichen Ziffern heraus und legte sie in der Reihenfolge 3 2 5 1 7.

»Jetzt müsst ihr die kleinere Zahl von der größeren abziehen.«

Christoph machte sich an die schriftliche Arbeit, aber Maria war von den Karten so begeistert, dass sie sagte: »Ich lege das Ergebnis in Rot.« Sie dachte nach und legte dann die roten Karten aus.

Ich schaute bewusst weg und sagte: »Jetzt drehst du eine der roten Karten um, so dass ich sie nicht sehe, und nennst mir die Werte der anderen.« Sie sagte: »4, 2, 9, 5.«

Darauf konnte ich sofort antworten: »Die umgedrehte Karte hat die Zahl 7.«

Christoph hatte einen berechtigten Einwand: »Das kann ich auch! Du hast ja die grünen und blauen Karten gesehen, also konntest du dir das leicht ausrechnen.« Sein Vertrauen in meine Kopfrechenkünste war schmeichelhaft. Er forderte mich heraus: »Ich nenne dir vier Ziffern von meinem Ergebnis.« Er hatte still auf einem Blatt Papier gerechnet und sagte mir: »1, 2, 3, 4.« Das schien ihm zu gefallen.

Ich lächelte und sagte: »Die fünfte Ziffer ist 8.« Jetzt staunte er, denn es stimmte!

Natürlich musste ich ihnen den Trick erklären: »Ihr zählt einfach die vier Ziffern zusammen und ergänzt diese Zahl zur nächsten Neunerzahl. Das ist dann die fehlende Ziffer.«

Christoph prüfte genau nach: »Die Summe meiner Ziffern ist $1 + 2 + 3 + 4 = 10$. Die nächste Neunerzahl ist 18, die Ergänzungszahl ist 8. Tatsächlich!«

Jetzt war auch meine Frau neugierig geworden: »Erklär mir das!«

»Das liegt daran, dass die Differenz von zwei Zahlen, die aus den gleichen Ziffern bestehen – egal in welcher Reihenfolge sie angeordnet sind –, immer eine Neunerzahl ist. Deshalb ist die Zahl, die rauskommt, eine Neunerzahl.«

»Quersumme«, war Christophs Kommentar.

»Ja. Bei einer Neunerzahl ist auch die Quersumme eine Neunerzahl. Also müssen die fünf Ziffern zusammen eine Neunerzahl ergeben.«

»Klappt das immer?«, fragte Maria.

»Es gibt nur ein Problem, wenn die ausgesuchte Ziffer eine Null ist. Dann weiß man nicht, ob man 0 oder 9 raten soll.«

»Was macht man dann?«

»Ich würde sagen, einfach verbieten. Ihr sagt: Kringle eine der Ziffern ein, aber keine Null, denn die ist bereits ein Kringel!«

»So, jetzt spielen wir aber noch eine Runde Karten«, sagte meine Frau – und keiner widersprach.

60 Quadratisch, praktisch, kniffelig!

2	7	8	6	5			9	
	4		9	7	1		8	2
			4	8	2		7	6
		4	7	2	9	8	3	1
7	8	2	1	3	5		6	
1	3	9	8			2	5	7
4	2		3	9	8	6		5
8		5	2				4	
3			5	1			2	8

Die gedruckten Zahlen dieses Sudokus sind vorgegeben, die geschriebenen dienen als »Starthilfe«. Wer schafft es, den Rest so auszufüllen, dass die Zahlen 1 bis 9 in jeder Zeile, in jeder Spalte und in jedem Block nur einmal vorkommen?

Es gibt Menschen, auf die ein Quadrat eine unwiderstehliche Faszination ausübt, ganz besonders dann, wenn es noch in Kästchen unterteilt ist – wie bei einem Kreuzworträtsel, einem Tic-Tac-Toe oder einem Sudoku. Wenn diese Freaks die leeren Kästchen sehen, fingern sie nach einem Stift, tragen fiebrig die Buchstaben oder Zahlen ein und atmen erst wieder auf, wenn alles ausgefüllt ist.

Auch so mancher Mathematiker ist dem Zauber der Quadrate verfallen. Insbesondere die so genannten magischen Quadrate üben eine große Anziehungskraft aus. Magische Quadrate gibt es in verschiedenen Größen. Die kleinsten bestehen aus drei Zeilen und drei Spalten: Sie enthalten also neun Kästchen. Die Aufgabe besteht darin, in diese Kästchen die Zahlen 1, 2, 3 ... 9 einzutragen, und zwar so, dass die Summe jeder Zeile und jeder Spalte immer die gleiche Zahl ergibt.

Vor über 4000 Jahren soll solch ein magisches Quadrat auf dem Rücken einer chinesischen Schildkröte geprangt haben. In der obersten Zeile dieses »Lo Shu« standen der Reihe nach die Zahlen 4, 9, 2; in der mittleren Zeile 3, 5, 7; und ganz unten 8, 1, 6. Jede Zeile und jede Spalte hatte tatsächlich die Summe 15.

Der Maler Albrecht Dürer hat in seinem Holzschnitt *Melancholia* ein magisches Quadrat aus vier Zeilen und vier Spalten, also insgesamt 16 Kästchen eingebaut. Das Quadrat ist so raffiniert konstruiert, dass es in der Mitte der untersten Zeile die Zahlen 15 und 14 trägt, was zusammen das Entstehungsjahr des Holzschnitts – 1514 – angibt.

Auch der Schweizer Mathematiker Leonhard Euler (1707 – 1783) war von Quadraten begeistert. Er untersuchte so genannte lateinische Quadrate. Ihr Name kommt daher, dass früher die Kästchen nicht mit Zahlen, sondern mit lateinischen Buchstaben ausgefüllt wurden. Ein lateinisches Quadrat kann zum Beispiel aus vier Zeilen und vier Spalten bestehen. In die 16 Kästchen muss man die Zahlen 1, 2, 3, 4 eintragen, jede viermal, so dass in jeder Zeile und jeder Spalte jede Zahl genau einmal vorkommt. Das allein ist nicht besonders schwierig; zum Beispiel könnte man in die erste Zeile die Zahlen 1, 2, 3, 4 schreiben, dann in die zweite Zeile 2, 3, 4, 1, in die dritte 3, 4, 1, 2 und schließlich in die vierte Zeile die Zahlen 4, 1, 2, 3.

Euler interessierte sich aber für Paare von lateinischen Quadraten, so genannte lateinisch-griechische Quadrate. Er selbst kam darauf, weil an ihn folgendes Problem aus der Welt des Militärs herangetragen wurde: Aus sechs Regimentern und sechs Dienstgraden kann man 36 Offiziere zusammenstellen, wenn man jedes Regiment mit jedem Dienstgrad kombiniert. Frage: Kann man diese 36 Offiziere in einem Sechs-mal-sechs-Karree so aufstellen, dass in jeder Zeile und jeder Spalte jedes Regiment und jeder Dienstgrad genau einmal vorkommt?

Euler stellte sich das Problem natürlich nicht nur für den Fall von sechs Regimentern und sechs Dienstgraden, sondern allgemein für n Regimenter und n Dienstgrade. Er selbst konnte die meisten Fälle lösen, ausgerechnet am Fall $n = 6$ aber scheiterte er. Erst im 20. Jahrhundert wurde dieses Problem endgültig gelöst. Die Lösung lautet in diesem Fall: Es geht nicht!

Die Sudoku-Idee basiert auf den einfachen lateinischen Quadraten. Ein lateinisches Quadrat mit neun Zeilen und neun Spalten zu entwerfen ist einfach. Schwieriger wird es, wenn man noch vier Linien einzieht, so dass man neun Drei-mal-drei-Quadrate erhält, die so genannten Blöcke. Man muss die Zahlen 1 bis 9 so eintragen, dass in jeder Zeile und jeder Spalte – und in jedem Block – jede der Zahlen 1 bis 9 genau einmal vorkommt.

Richtig gemein wird das Sudoku, weil schon einige Zahlen eingetragen sind. Dadurch wirkt das Quadrat verführerisch leicht, ist aber immer noch äußerst kniffelig. Probieren Sie selbst!

61 Kann ein Computer jemals alles wissen?

Kurt Gödel unterschied klar zwischen »wahr« und »beweisbar« – und wies damit auch den Computer in seine Schranken. Am 28. April 2006 wäre der große Mathematiker 100 Jahre alt geworden.

Die Frage der Überschrift wurde beantwortet, längst bevor es Computer gab – und zwar mit einem klaren Nein. Kein Computer wird je alles wissen.

Dabei kennt der Optimismus der Computerhersteller keine Grenzen. Das so genannte Moore'sche Gesetz – das seit über 30 Jahren empirisch bestätigt ist – sagt, dass sich die Leistung von Computern alle 18 Monate verdoppelt. Die Forscher träumen von Quantencomputern, Neurocomputern und DNA-Computern. Wer kann es wagen, über all diese Entwicklungen im Voraus so negativ zu urteilen und die Computer in ihre Schranken zu weisen?

Die Mathematiker können das – und zwar mit Hilfe von Sätzen, die sie beweisen.

Zwölf Jahre bevor Konrad Zuse den Computer erfand, zeigte der junge österreichische Mathematiker Kurt Gödel im Jahre 1931, dass ein Computer nie alles wissen kann. Gödel sprach zwar nicht von Computern – wie sollte er auch? –, sondern von »formal unentscheidbaren Sätzen«. Mit seiner Arbeit katapultierte sich Gödel mit einem Schlag in die Reihe der bedeutendsten Logiker aller Zeiten.

Doch Gödels Satz brachte zunächst einmal das ganze Wissenschaftsprogramm des damals führenden Mathematikers David Hilbert (1862–1943) zum Einsturz. Ein großes Ziel der Mathematik war es stets, »vollständige Theorien« zu entwickeln: etwa eine Theorie der Zahlen oder der Geometrie. Die Vorstellung war, dass jede in einer Theorie formulierbare Aussage mit Mitteln dieser

Theorie bewiesen oder widerlegt werden kann. Letztlich, so war der Glaube, muss man nur die Axiome geeignet wählen, damit jede Behauptung entweder rigoros bewiesen oder durch ein Gegenbeispiel ad absurdum geführt werden kann.

Das ging so lange gut, bis Kurt Gödel im Jahre 1931 seine Arbeit *Über formal unentscheidbare Sätze der Principia Mathematica und verwandter Systeme* veröffentlichte, die den Traum der vollständigen Theorien mit einem Schlag zerstörte.

Gödel bewies nämlich, dass man in jeder Theorie Aussagen formulieren kann, die innerhalb der Theorie (»mit Bordmitteln«) weder bewiesen noch widerlegt werden können.

Das heißt, dass im Allgemeinen »wahr« und »beweisbar« nicht das Gleiche bedeuten: Es gibt wahre Aussagen, die nicht beweisbar sind. Die wahren Aussagen einer Theorie können eventuell in einer umfassenderen Theorie bewiesen werden, aber auch in dieser Theorie gibt es wieder Aussagen, die man weder beweisen noch widerlegen kann ... und so weiter.

Gödels Satz war ein Schock. Denn er sagte, dass das natürliche Ziel einer Theorie – nämlich nachweisen zu können, welche Aussagen gelten und welche nicht – nie erreichbar ist. Das liegt nicht an der menschlichen Unzulänglichkeit, sondern in der Natur der Sache.

Man kann Gödels Satz aber auch anders interpretieren: Stellen wir uns einen riesigen Supercomputer vor. Einen Computer, den wir mit dem gesamten Wissen der Menschheit füttern. Dieser Computer würde natürlich die Zahlen, die Geometrie sowie alle mathematischen Fakten und Beweismethoden kennen. Doch damit nicht genug: Er würde immer Neues dazulernen und aus dem bereits vorhandenen Wissen und den ihm bekannten

Methoden weiteres Wissen erschließen. Dieses könnte er wieder benutzen, um daraus neue Erkenntnisse zu erhalten – open end.

Eine Horrorvorstellung? Nein. Denn eines ist sicher: Auch ein solcher Computer wird nie alles wissen. Denn der Satz von Gödel sagt, dass es Aussagen gibt, die dieser Computer zwar aufstellen, aber weder beweisen noch widerlegen kann.

62

Wenn die Sinuskurve um die Wurst geht

Selbst eine Fleischwurst hat eine mathematische Seite. Wird sie schräg angeschnitten und aus ihrer Schale gepellt, dann bildet das abgezogene Hautstück eine Sinuskurve.

Aufgrund meiner Arbeit an der Universität musste ich zweimal mit meiner Familie umziehen. Die Kinder protestierten energisch, da sie aber nichts dagegen unternehmen konnten, äußerten sie ihren Unmut dadurch, dass sie oft grantig und kaum ansprechbar waren.

Eines Abends saß ich noch mit meinem Sohn am Tisch. Wir hatten schon gegessen und hockten einfach nur da. Da seufzte Christoph: »Das einzig Gute hier ...«, er machte eine Pause, »... ist die Fleischwurst.«

Das hatte ich nicht erwartet, aber ich tröstete mich damit, dass er überhaupt etwas gut fand. Ich betrachtete das Objekt seines Wohlgefallens: eine völlig normale Fleischwurst – nicht als Ring, sondern als gerades Stück.

Ich versuchte, ein Gespräch in Gang zu bringen: »In der Metzgerei ist die Fleischwurst oft schräg angeschnitten. Warum eigentlich?«

Christoph nickte: »Damit wir denken, die Wursträdchen seien größer. Aber in Wirklichkeit sind sie immer noch klein!«

»Wie klein sind denn die schrägen Wursträdchen?«

»Kannst mir ja noch eines abschneiden!«

Was tut man nicht alles, um seinen Sohn bei Laune zu halten ... Ich schnitt ein Stück ab und legte es auf Christophs Teller. Natürlich musste ich eine Frage nachschieben: »Was ist denn das für eine Form?«

»Ein Kreis ist es nicht, aber trotzdem irgendwie rund. Wie ein Ei.«

»Ein Ei ist an einer Seite runder und an der anderen spitziger. Ist das hier auch so?«

»Können wir ja ausprobieren«, war Christophs Antwort.

Ich nahm das Messer, schnitt noch mal sorgfältig eine dünne Scheibe ab und legte sie auf Christophs Teller.

»Gleich!«, sagte er apodiktisch.

Was wollte er damit sagen? »Was heißt ›gleich‹?«

»Rechts und links, oben und unten«, war seine Antwort.

Ich bestätigte: »Es hat sowohl rechts und links als auch oben und unten die gleiche Krümmung. Es ist symmetrisch. Die Mathematiker nennen diese Form eine Ellipse.«

Ich schnitt das Wursträdchen in der Mitte durch und klappte die rechte Hälfte auf die linke, so dass sie genau übereinander lagen. »Die Ellipse hatten wir in der Schule. Das hat doch irgendwas mit dem Sonnensystem zu tun«, sagte Christoph mit vollem Mund, denn die Wurstellipse wurde bereits ihrem eigentlichen Daseinszweck zugeführt.

»Die Erde bewegt sich auf einer ellipsenförmigen Bahn um die Sonne«, erinnerte ich ihn.

»Auch die anderen Planeten«, schmatzte er. Offenbar wusste er mehr, als er zugab.

Doch auch ich konnte noch eins draufsetzen: »Stell dir vor, wir würden die Fleischwurst auf einem Blatt Papier abrollen und immer den Punkt der Ellipse markieren, der gerade auf dem Papier liegt.«

»Bitte nicht«, protestierte er und nahm mir die Wurst weg, »ich will sie noch essen.«

»Wir stellen uns das ja auch nur vor!«, beruhigte ich ihn.

Christoph dachte nach: »Das sind viele Punkte. Und wenn man sie verbindet, ergibt das eine Linie.«

»Was denn für eine Linie?« Zugegeben, eine schwierige Frage.

Christoph überlegte nicht lange, sondern griff zum Messer, und ehe ich eingreifen konnte, schnitt er die Wursthaut an der untersten Stelle ein und zog sie ab – so sorgfältig, dass er am Schluss die gesamte Haut am Stück in seinen Händen hielt. Er legte die Haut vor sich auf seinen Teller, strich sie glatt, strahlte, machte eine ausladende Handbewegung und sagte: »Schwingung.«

»Sehr gut!«, lobte ich ihn. »Die Mathematiker nennen diese Schwingung ›Sinuskurve‹. Man kann sich vorstellen, dass die nicht nur einmal schwingt, sondern zweimal, dreimal und noch öfter.«

»Dazu braucht man aber viele Fleischwürste«, strahlte er.

63 Wie der Würfel zum Fußball wird

Haben Sie genug Phantasie? Wenn sich die schuhsohlenförmigen Panels ausdehnen und zu Quadraten werden und die dreizipfligen Teile dazwischen schrumpfen, verwandelt sich der Weltmeisterschaftsfußball in einen Würfel.

»Was ist denn das für ein Ei?«, war Christophs spontane Reaktion, als er zum ersten Mal den Fußball für die Weltmeisterschaft 2006 sah.

Ich verstand nicht, was er sagen wollte: »Der Ball ist doch rund wie eine Kugel, und kein Ei!«

»Kugelrund war der Ball noch nie«, war die Antwort meines Sohnes, »aber bis jetzt sah er wenigstens ordentlich aus.«

»Ordentlich?«

»Na ja, eben ordentlich aus Teilen zusammengesetzt.«

»Klar«, erinnerte ich mich, »Sechsecke und Fünfecke.«

»Genau. Aber jetzt sind es so komische runde Teile.«

Der nächste Tag führte uns ins Spielwarengeschäft. Zielstrebig steuerten wir auf den Korb mit den Fußbällen zu.

Ich nahm einen Ball in die Hand. »Siehst du«, sagte ich besserwisserisch, »in Wirklichkeit besteht der Ball aus Fünfecken und Sechsecken, das komische Zeug ist nur draufgemalt!«

Christoph wusste es noch besser: »Das sind die billigen Bälle, die Ballack nie berühren würde. Auf die ist das komische Muster tatsächlich nur draufgemalt.«

Er schaute sich um und sagte: »Hier!« Dabei zeigte er auf einen separat präsentierten Fußball, der tatsächlich nicht aus Fünfecken und Sechsecken gebaut war.

»Das ist der WM-Ball, er heißt ›Teamgeist‹«, erzählte uns ein Verkäufer.

Christoph erklärte mir: »Hier ist das Zeug nicht oberflächlich angebracht, sondern der Ball ist tatsächlich aus verschiedenen dieser seltsamen Teile zusammengesetzt.«

Ich ergriff wieder die Initiative: »Was sind denn das für Teile?«

»Sieht aus wie Schuhsohlen.« Christoph schien diesen Ball wirklich nicht zu lieben.

»Man nennt diese Teile ›Panels‹«, warf der Verkäufer ein.

»Wie viele Panels gibt es denn?«

Das war einfach. Christoph hielt den Ball so, dass ein Teil oben, eines unten, eines vorn, eines hinten, eines rechts und eines links war, und sagte: »Sechs.«

»Besteht der Ball nur aus diesen Teilen?«, bohrte ich weiter.

Christoph schaute sich den Ball nochmals gründlich an: »Es gibt dazwischen noch diese dreizipfligen Teile.«

Die hatte selbst der Verkäufer noch nicht wahrgenommen; jedenfalls wusste er nicht, wie sie heißen.

Ich gab nicht auf: »Und wie viele dieser dreizipfligen Teile hat der Ball?«

Eine kurze gemeinsame Inspektion brachte das Ergebnis: »Acht.«

Mir kam eine Idee: »Kennst du ein geometrisches Objekt, bei dem die Zahlen 6 und 8 vorkommen?«

Sowohl Christoph als auch der Verkäufer schauten mich ratlos an.

Ich machte es einfacher: »Kennst du etwas Geometrisches mit der Zahl 6 – etwas, was zum Beispiel sechs Seiten hat?«

Christoph schaute mich mitleidig an: »Meinst du den Würfel?«

»Kommt beim Würfel die Zahl 8 vor?«

»Natürlich! Die Ecken!«

Christoph sprach nicht weiter, sondern griff nach dem Ball. Ich merkte, dass er auf der richtigen Fährte war. »Du meinst«, überlegte er, »dass die dreieckigen Teile mal die Ecken eines Würfels waren und die Schuhsohlen seine Seiten?«

Ich half ihm: »Wenn die Dreizipfel schrumpfen und sich die Panels entsprechend ausdehnen …«

»... und wenn das Ganze dabei eckig wird«, unterbrach mich Christoph euphorisch, »dann könnte das tatsächlich ein Würfel werden.«

Er warf mir einen Blick zu, in dem sich die Begeisterung über die von ihm gesehene Struktur und die Erkenntnis über die Abgedrehtheit der Mathematiker mischten: »Bei deiner Mathematik braucht man aber viel Phantasie!«

64 Mathe ist Mord

Na, das weiß doch jedes Kind, dass das falsch ist.
Oder etwa nicht? Mathematik ist für so manche Überraschung gut …

Dass meine Arbeit als Mathematiker von meiner Familie nicht immer gebührend gewürdigt wird, bin ich gewohnt. Aber manchmal kommt es knüppeldick.

»Bei dir geht's doch letztlich immer nur um 2 mal 2 gleich 4«, warf mir mein Sohn Christoph kürzlich an den Kopf.

»Oder um 1 + 1 = 2«, setzte seine Schwester Maria eins drauf.

Ich weiß nicht, warum ich Öl ins Feuer gießen musste. Aber ich sagte spontan: »Nein, manchmal geht es auch um 1 + 1 = 0.«

Einen Augenblick lang herrschte überraschtes Schweigen, dann hagelte es Spott: »Eins plus eins heißt, da kommen zwei zusammen. Gleich null heißt, es kommt nichts raus«, spottete Maria. »Ehe ohne Kinder«, präzisierte Christoph, und Maria dachte weiter: »Gleichgeschlechtliche Lebensgemeinschaft!« Woher die Kinder das alles wissen?

Meine Frau war auch nicht näher an der Mathematik: »›Eins plus eins gleich null‹ könnte der Titel eines Krimis sein. Zwei Leute, die sich bis aufs Blut hassen und am Ende beide sterben.«

»Mord und Selbstmord«, legte Christoph nach.

Es war, als wollte mich meine Familie mit Worten niederstrecken. Ich holte zum Gegenschlag aus: »In Wirklichkeit hat die Gleichung 1 + 1 = 0 einen präzisen Sinn, der den Anfang der Mathematik mit den heutigen Anwendungen zum Beispiel in der Informatik verbindet.«

»Hast du gerade ›Gleichung‹ gesagt? Du weißt schon«, fragte mich Maria schnippisch, »dass bei einer Gleichung rechts und links das Gleiche stehen muss?«

Ohne darauf zu reagieren, fuhr ich fort: »Einer der ersten Mathematiker war Pythagoras.«

»Der mit a^2 plus b^2?«

»Ja, aber er und seine Schüler haben auch andere Phänomene betrachtet. Zum Beispiel haben sie gerade und ungerade Zahlen untersucht.«

»Wie 2 und 5.«

»Die Pythagoreer haben diese Zahlen auch addiert und multipliziert. Und sie haben Folgendes festgestellt: Wenn man von den Zahlen, die man addieren will, weiß, ob sie gerade oder ungerade sind, dann weiß man das auch vom Ergebnis.«

»Klar: 2 + 2 = 4, gerade plus gerade ist gerade«, sagte Christoph nach einem Augenblick des Nachdenkens.

Jetzt hatte ich sie da, wo ich sie haben wollte. »Gerade plus ungerade gibt?«

»Ungerade natürlich, 2 + 5 = 7«, antwortete Maria – ohne zu wissen, worauf ich hinauswollte.

»Und was fehlt noch?«

»Ungerade plus ungerade gleich gerade.«

»3 + 5 = 8«, bestätigte meine Frau trocken.

»Und jetzt passt mal auf!« Ich tat geheimnisvoll. »Wir stellen die ungeraden Zahlen durch die kleinste ungerade Zahl dar, also durch die 1.«

»Und die geraden Zahlen«, äffte Maria mich nach, »durch die kleinste gerade Zahl.«

»Also die 2«, sagte meine Familie im Chor.

Bevor ein Unglück passierte, musste ich eingreifen: »Gibt es eine noch kleinere gerade Zahl?«

Nach einer kurzen Bedenkpause fragte Christoph vorsichtig: »Die Null?«

Ich bestätigte: »Die Null ist eine gerade Zahl: Denn wenn ich 0 Bonbons auf euch zwei verteile, seid ihr zwar beide enttäuscht, aber es geht auf.«

Nun kam das Entscheidende: »Wenn wir statt ungerade ›1‹ sagen und statt gerade ›0‹, dann wird aus dem Satz ›ungerade plus ungerade ist gerade‹ ganz einfach ›1 + 1 = 0‹.«

»Wie bei den Bits«, staunte Christoph, und Maria sagte: »Das ist gut, aber das mit Mord und Selbstmord auch.«

65 Wie Sie unendlich reich werden können

Onkel Dagobert hätte glitzernde Augen bekommen!
Dabei ist es in der Unendlichkeit ganz einfach, reich zu werden.
Man muss nur Geduld haben – und die Hand aufhalten.

Viel Geld haben möchte jeder. Man kann darüber streiten, ob das die einzige Triebfeder des menschlichen Handelns sein sollte (ich glaube nicht), aber in jedem Fall ist es angenehm, über eine ausreichende Barschaft zu verfügen.

Am besten wäre es natürlich, wenn man Geld bekäme, ohne dafür arbeiten zu müssen. Die Idealvorstellung ist, dass man nur die Hand aufhalten muss und sie sich von selbst mit Geld füllt.

Ein Hirngespinst? Eine Illusion? Eine Fata Morgana? Ja und nein. Denn die Mathematik zeigt uns tatsächlich: Das ist möglich! Sie können unendlich reich werden – und sogar ohne dass irgendjemand ärmer wird.

Natürlich geht das nur unter einer bestimmten Voraussetzung: Es gibt unendlich viel Geld. Sagen wir unendlich viele 1-€-Stücke. Nicht nur 1,7 Milliarden (was die Erstausstattung mit deutschen 1-€-Münzen war), sondern wirklich unendlich viele. Insofern ist das, was jetzt folgt, nur ein Gedankenexperiment. Leider.

Sie können sagen: Ja, dann es ist es doch keine Kunst! – Ich sage: Doch, auch dann ist es eine Kunst.

Wir stellen uns vor, dass es auch unendlich viele Menschen gibt. Diese stellen sich alle in einer Reihe auf, und jeder hält einen Euro in seiner Hand. Jetzt stellen Sie sich vorn hin und halten Ihre Hand auf. Das Unglaubliche geschieht: Sie erhalten laufend einen Euro, ohne dass die anderen etwas verlieren.

Das geht so. Der Erste in der Reihe kommt Ihrer unausgesprochenen Aufforderung nach und gibt Ihnen seinen Euro. Dann hat dieser nichts mehr – aber nur kurzzeitig, denn der Zweite in der Reihe reicht dem Ersten seinen Euro. Dann gibt der Dritte dem Zweiten einen Euro und so fort. Jeder in der Reihe hat vorher und nachher einen Euro – denn kaum hat er seinen nach vorn abgegeben, bekommt er einen von seinem Hintermann.

Jetzt werden Sie vermutlich einwenden: »Was nützt mir ein einzelner Euro? Dafür kann ich mir doch nichts kaufen!«

Aber: Was hindert Sie daran, einfach die Hand weiter aufzuhalten? Der Erste gibt Ihnen den Euro, den er inzwischen erhalten hat, erhält darauf vom Zweiten den Euro, den der hat …

Dann halten Sie Ihre Hand ein drittes und ein viertes Mal auf. Bei jedem Durchgang erhalten Sie einen Euro, ohne dafür etwas tun zu müssen.

Ich sagte es doch: Keiner in der Reihe wird ärmer, aber Sie brauchen nur die Hand aufzuhalten und werden immer reicher! Das System spuckt sozusagen laufend Euros aus.

Man könnte dieses Gedankenexperiment ausbauen: Nicht nur Sie könnten reich werden, sondern auch Ihre Familie und Ihre Freunde. Das ist ganz einfach: Beim ersten Durchgang nehmen Sie den Euro, beim zweiten stellt sich Ihre Frau nach vorn, dann Ihre Tochter, dann Ihr bester Freund. Und wenn alle ihren Euro haben, stellen Sie sich wieder vorn an.

Dieses Gedankenexperiment zeigt in besonders schöner Weise Eigenschaften unendlicher Mengen. Der deutsche Mathematiker Georg Cantor (1845–1918) hat sie als Erster systematisch erforscht. Im Unendlichen ist Vieles ganz anders. Denn mit unendlichen Mengen kann man viel großzügiger umgehen: Wenn man ein Objekt entfernt, bleibt die Menge gleich groß. Manche sagen dazu »Unendlich minus eins ist (immer noch) Unendlich« und schreiben dafür »$\infty - 1 = \infty$«.

Auch wenn man viele Objekte entfernt, tausend oder zehntausend oder eine Quadrillion, bleibt die Menge stets gleich groß – jedenfalls solange man nur endlich viele Objekte entfernt. Es gilt also auch: ∞ – eine Quadrillion = ∞. Kaum zu glauben, aber mathematisch wahr. Aber leider nur im Unendlichen …

66 2000 Jahre Taschengeld

Taschengeld bringt Kinderaugen zum Leuchten. Würde es doch bloß nicht so schnell für Lutscher oder teure Computerspiele in den Kaufhauskassen verschwinden … Das Rechenexempel zeigt: Wer artig und ganz lange spart, den macht der Zinseszins richtig reich.

So ist das mit den Kindern. Man bespricht mit ihnen, wie viel Taschengeld sie bekommen, sie versprechen, damit gut auszukommen – aber es reicht hinten und vorn nicht. Sparappelle nützen nichts. Der Vorschlag, das Geld anzulegen und es durch die Zinsen zu vermehren, stößt auf pures Unverständnis.

»Wenn du das Geld auf die Bank bringst und in Ruhe lässt, vermehrt es sich ganz von allein«, versuchte ich meine Tochter Maria zu belehren.

»Bei mir wird das Geld aber automatisch immer weniger.«

»Klar, weil du es ausgibst.«

»Natürlich – dazu ist das Geld auch da!«

»Du könntest es auch auf die Bank –« Ich verstummte, weil ein Schreikrampf von Maria kurz bevorstand. Außerdem hatten wir das Thema schon.

Nach einiger Zeit versuchte ich es noch einmal. »Wenn du bei Christi Geburt 100 Euro angelegt hättest, dann hättest du jetzt Millionen und Milliarden und könntest locker von den Zinsen leben!«

»Bin ich Jesus?«, war Marias giftige Gegenfrage.

Aber der Gedanke arbeitete in ihr. Nach einiger Zeit fragte sie: »Wie kommt denn eigentlich bei dem bisschen Zins eine so gigantische Summe zusammen?«

Jetzt bewegten wir uns auf ungefährlichem mathematischen Terrain, und diese Chance nutzte ich natürlich: »Angenommen, du bringst 100 Euro auf die Bank und lässt sie liegen. Wie viel hast du dann nach einem Jahr?«

»Kommt auf die Zinsen an.«

»Klar. Sagen wir, der Zinssatz liegt bei zwei Prozent.«

»Dann kommen zwei Prozent dazu, also zwei Euro. Ich habe 102 Euro. Toll!«, meinte sie verächtlich.

»Und im nächsten Jahr?«

»Nochmals lächerliche zwei Euro.«

»Das sollten wir genau überlegen. Denn das ist der Punkt, auf den es ankommt. Wenn in jedem Jahr nur zwei Euro dazukämen, dann hättest du bis heute – rund 2000 Jahre nach Christi Geburt – nur 2000 mal 2, also 4000 Euro Zinsen. Das würde sich wirklich nicht lohnen.«

Maria sagte gar nichts, also machte ich weiter: »Der Witz ist, dass du im zweiten Jahr nicht nur auf die 100 Euro, sondern auch auf die zwei Zins-Euro aus dem ersten Jahr Zinsen bekommst, die so genannten Zinseszinsen.«

»Viel kann das ja nicht sein.«

»Wir rechnen es einfach aus. Bei zwei Prozent Zinsen musst du den Betrag immer mit 1,02 multiplizieren. Dann hast du im zweiten Jahr 102 mal 1,02, also 104,04 Euro.«

»Wow!«, kommentierte Maria ironisch. »Und im dritten Jahr muss ich diesen Betrag mit 1,02 multiplizieren und im vierten, und im fünften … Wie viel ist es dann nach zehn Jahren?«

»Das ist ganz einfach: 1,02 hoch 10, also 10-mal mit sich selbst multiplizieren – und dann das Ganze mit 100 Euro malnehmen. Das rechnen wir mit dem Taschenrechner aus.« Große Enttäuschung: Er zeigte nur 121,90 Euro.

»Toll ist das aber noch nicht. Gib mal her«, sagte sie und tippte 1,02 hoch 100 mal 100 Euro ein. Ergebnis: 724,46. Maria machte weiter: »1,02 hoch 1000 mal 100 Euro – ergibt 39 826 465 165,81 Euro.« Diese Zahl musste sie erst mal lesen: »Nach 1000 Jahren über 39 Milliarden!« Jetzt war die Begeisterung echt.

»Und nach 2000 Jahren?«, fragte ich.

»Das ergibt …« Sie tippte und zeigte mir die Zahl auf dem Display: 15 861 473 276 037 127 496,19. »Papa, lies mir diese Zahl vor!«

»15 Trillionen, 861 Billiarden, 473 Billionen, 276 Milliarden, 37 Millionen, 127-tausend 496 Euro und 19 Cent.«

»Da bräuchte ich tatsächlich kein Taschengeld mehr«, lautete Marias trockener Kommentar.

Zum Autor

Albrecht Beutelspacher, geboren 1950 in Tübingen, studierte in seiner Heimatstadt Mathematik, Physik und Philosophie. Er promovierte 1973 und habilitierte sich 1980. Zwischen 1973 und 1985 war er wissenschaftlicher Mitarbeiter und Professor auf Zeit an der Universität Mainz.

Von 1986 bis 1988 arbeitete er im Forschungsbereich der Siemens AG in München, war dort verantwortlich für Systemsicherheit und entwickelte die Telefonkarte mit.

Seit 1988 ist er Professor für Geometrie und Diskrete Mathematik am Mathematischen Institut der Universität Gießen. Er war maßgeblich an der Nummernkodierung der ab 1989 in Deutschland eingeführten neuen Geldscheine beteiligt.

Zu Forschungsaufenthalten wurde er in die USA, nach Kanada und ins europäische Ausland, vor allem nach Italien, eingeladen.

Albrecht Beutelspacher ist der Initiator des 2002 in Gießen eröffneten Mathematikums, des ersten mathematischen Mitmachmuseums, dessen Direktor er ist.

Seine Arbeiten und sein Engagement für mathematische Bildung wurden mit zahlreichen Preisen ausgezeichnet; darunter sind der Archimedes-Preis der MNU (Deutscher Verein zur Förderung des mathematischen und naturwissenschaftlichen Unterrichts), der Communicator-Preis der Deutschen Forschungsgemeinschaft und der Hessische Kulturpreis.

Er hat etwa 150 wissenschaftliche Artikel verfaßt, außerdem 25 Bücher geschrieben, darunter »In Mathe war ich immer schlecht«, »Pasta all' infinito«, »Christian und die Zahlenkünstler« und »Wie man durch eine Postkarte steigt«.

Im Piper Verlag erschien: »Mathematik für die Westentasche«.

Bildnachweis

(Nicht in allen Fällen konnten die Inhaber von Bildrechten ermittelt werden. Wir bitten gegebenenfalls um Hinweise an den Verlag.)

Adidas: S. 238
allOver: S. 37
Andy Warhol Foundation/CORBIS: S. 175
Bildagentur-online: S. 14, 48, 85
Bilderberg: S. 92
bild der wissenschaft: S. 41 (bpk), 60 (Foto: V. Steger), 95 (Foto: M. Gambarini), 112 (Foto: R. Kwiotek), 167
bridgemanart.com: S. 23
Caro, Berlin: S. 70 (Foto: Christian Klemmer), S. 115 (Foto: Frank Sorge), S. 246 (Foto: Klaus Westermann)
Enters/images.de: S. 20, 130
F1 Online: S. 66 (Foto: Peter Niesporek)
Focus: S, 60, 63 (Fotos: Alfred Pasieka)
FreeLens Pool: S. 52 (Foto: Petra Wallner)
Interfoto/Salvador Dali, Gala-Salvador Dali Foundation/VG Bild-Kunst, Bonn: S. 159
Joker: S. 45 (Foto: Gudrun Petersen)
JUNIORS: S. 31
Jens Kleemann: S. 138
Kulkafoto: S. 152
Mathematikum, Gießen: S. 218 (Zeichnung: Jörn Schweisgut)
Mauritius images: S. 74 (Foto: Alexander Kupka), S. 103 (Foto: Mio)
picture-alliance/dpa: S. 81 (Foto: Matthias Schrader), 88 (Foto: Waltraud Grubitzsch), 122 (Foto: Strobl), 145 (akg-images), 155 (Foto: Rolf Vennenbernd), 163 (Foto: Landov Sandy Schaeffer), 187 (Sigmund Freud Privatstiftung), 250 (Foto: Frank Rumpenhorst)
Heino Pollmann: S. 195, 198, 202, 206, 222, 226, 230, 242
Ed Reschke/Peter Arnold: S. 11
Karsten Schöne: S. 141, 148, 171, 183, 191, 210, 214, 234
Reinhard Truckenmüller: S. 109, 118, 126, 134
ullstein bild: S. 34, 99, 179
Vario Images: S. 17 (Foto: Michael Himml)
Rolf K. Wegst: S. 78, 106,
Wildlife Bildagentur: S. 27